重庆市中等职业学校
建筑工程施工专业核心课程教材

CHONGQINGSHI ZHONGDENG ZHIYE XUEXIAO
JIANZHU GONGCHENG SHIGONG ZHUANYE HEXIN
KECHENG JIAOCAI

建筑工程安全与节能环保

JIANZHU GONGCHENG ANQUAN YU
JIENENG HUANBAO

主编■曾昭兵　谢佳元

U0379479

重庆大学出版社

内容提要

本书为重庆市中等职业学校建筑工程施工专业核心课程教材。全书主要内容包括5个模块:建筑施工安全生产管理、建筑施工现场安全技术、建筑施工常见意外伤害、建筑消防、建筑节能与环保。每个模块又由若干个任务组成,每个任务设置有"思考与练习",每个模块后设置有"考核与鉴定",可供学生复习和考核使用。

本书可作为中等职业学校建筑工程施工、建筑装饰、工程造价等建筑类专业教材,也可供从事相关专业的工程技术人员及岗位培训人员参考使用。

图书在版编目(CIP)数据

建筑工程安全与节能环保 / 曾昭兵,谢佳元主编
.--重庆:重庆大学出版社,2017.7(2023.8 重印)
重庆市中等职业学校建筑工程施工专业核心课程教材
ISBN 978-7-5689-0557-2

Ⅰ.①建… Ⅱ.①曾… ②谢… Ⅲ.①建筑工程—安
全管理—中等专业学校—教材②建筑—节能—中等专业学
校—教材 Ⅳ.①TU714②TU111.4

中国版本图书馆 CIP 数据核字(2017)第 127520 号

重庆市中等职业学校建筑工程施工专业核心课程教材
建筑工程安全与节能环保
主 编 曾昭兵 谢佳元
责任编辑:范春青 版式设计:范春青
责任校对:关德强 责任印制:赵 晟

*

重庆大学出版社出版发行
出版人:陈晓阳
社址:重庆市沙坪坝区大学城西路 21 号
邮编:401331
电话:(023)88617190 88617185(中小学)
传真:(023)88617186 88617166
网址:http://www.cqup.com.cn
邮箱:fxk@ cqup.com.cn(营销中心)
全国新华书店经销
重庆巍承印务有限公司印刷

*

开本:787mm×1092mm 1/16 印张:12 字数:285 千
2017 年 7 月第 1 版 2023 年 8 月第 5 次印刷
印数:8 001—9 000
ISBN 978-7-5689-0557-2 定价:33.00 元

编委会

序 言

目前党和国家高度重视职业教育,加快发展现代职业教育,弘扬劳动光荣、技能宝贵、创造伟大的时代风尚,就读职业学校日益成为初中毕业生及家长教育消费的理性选择。建筑工程施工专业是重庆市中等职业教育中的大专业,每年为建筑业输送上万名高素质劳动者和技能型人才,为经济社会发展作出了积极贡献。但随着社会的发展,建筑业对职业教育人才培养的目标与规格提出了新的要求,倒逼职业教育课程教学内容及人才培养模式、教学模式、评价模式进行改革与创新。

重庆市土木水利类专业教学指导委员会和重庆市教育科学研究院,自觉承担历史使命,得到重庆市教育委员会的大力支持和相关学校的鼎力配合,于2013年开始酝酿,2014年总体规划设计,2015年全面启动了中等职业教育建筑工程施工专业教学整体改革,以破解问题为切入点,努力实现统一核心课程设置、统一核心课程的课程标准、统一核心课程的教材、统一核心课程的数字化教学资源开发、统一核心课程的题库建设和统一核心课程的质量检测等"六统一"目标,进而大幅度提升人才培养质量,根本性改变"读不读一个样"的问题,持续性增强中等职业教育建筑工程施工专业的社会吸引力。

此次改革确定的8门核心课程分别是:建筑材料、建筑制图与识图、建筑CAD、建筑工程测量、建筑构造、建筑施工技术、施工组织与管理、建筑工程安全与节能环保。这些课程既原则性遵循了教育部发布的建筑工程施工专业教学标准,又结合了重庆市的实际情况,还充分吸纳了相关学校实施国家中等职业教育改革发展示范学校建设计划项目的改革成果。

从教材编写创新方面讲,本套教材充分体现了"任务型"教材的特点,其基本的体例为"模块+任务",每个模块分为四个部分:一是引言;二是学习目标;三是具体任务;四是考核与鉴定。每个任务的组成又分为五个部分:一是任务描述与分析;二是方法与步骤(根据课程性质,部分教材没有此部分);三是知识与技能;四是拓展与提高;五是思考与练习。使用本套教材,需要三个方面的配套行动:一是配套使用微课资源;二是配套使用考试题库;三是配套开展在线考试。建议的教学方法为"五环四步",即每个模块按照"能力发展动员、基础能力诊断、能力发展训练、能力水平鉴定和能力教学反思"五个环节设计;每个任务按照"任务布置、协作行动、成果展示、学习评价"四个步骤进行。

　　本套教材的编写机制为编委会领导下的编者负责制,每本教材都附有编委会名单,同时署具体编写人员姓名。编写过程中,得到了重庆大学出版社、重庆浩元软件公司等单位的积极配合,在此表示感谢!

编委会执行副主任

重庆市教育科学研究院职业教育与成人教育研究所

副所长、研究员

谭绍华

2015 年 7 月 30 日

前　言

　　"建筑工程安全与节能环保"是建筑工程施工专业的核心、必修课程之一,旨在使学生了解和领会必备的施工现场安全防护知识、施工机械的安全操作要求、节能环保常识,训练学生掌握施工现场安全检查与监督管理、实施节能环保的技能,养成安全就是效益、节能环保就是发展的职业素养,为今后工作奠定基础,能够从事施工现场安全管理和指导工作。本课程共40学时,在第四学期开设。

　　本教材编写的背景:一是,国家大力发展现代职业教育,要求职业教育人才培养模式、教学模式、评价模式改革和教学内容、方式、环境、手段创新,以适应建筑业日益发展变化的人才需求;二是,国家实施中等职业教育改革发展示范学校建设计划项目(部分省市还实施了省级中等职业教育改革发展示范学校建设计划项目),相关学校在建筑工程施工专业的教学改革方面开展了大量工作,形成了系列成果,具有一定的推广应用价值,但也存在需要整合提炼的必要性。

　　本教材在编写过程中,参考了大量的教材开发成果,力求集各家之所长,在此基础上,采用基于任务型职业教育教材编写的理念,构建新的"模块+任务"知识与技能逻辑体系,所有任务采用动宾结构的表述方式。其最大的创新点在于,每个模块后面有"考核与鉴定"试题,每个任务后面有"思考与练习"试题,多个知识与技能点另外配有"微课"教学资源。

　　本教材包括5个模块,共19个具体任务。

　　模块一建筑施工安全生产管理,包括3个任务,分别是:了解建筑施工安全生产基本知识、熟悉建筑施工安全教育制度、掌握建筑施工安全生产基本要求。主要编写者是:曾昭兵。教学时长建议为6学时。

　　模块二建筑施工现场安全技术,包括5个任务,分别是:掌握建筑施工安全防护基本要求、掌握脚手架安全技术、掌握起重吊装安全技术、掌握建筑施工机械安全技术、了解特种施工安全技术。主要编写者是:曾昭兵。教学时长建议为12学时。

　　模块三建筑施工常见意外伤害,包括5个任务,分别是:掌握高空坠落的防治方法、掌握建筑施工安全用电基本知识、掌握常见机械伤害的防治方法、了解建筑施工意外伤害保险与索赔办法、掌握建筑业常见职业病的防治方法。主要编写者是:谢佳元。教学时长建议为 10 学时。

模块四建筑消防,包括 3 个任务,分别是:掌握灭火的基本原理、掌握一般灭火器的使用方法、掌握火海逃生的十大对策。主要编写者是:谢佳元。教学时长建议为 6 学时。

模块五建筑节能与环保,包括 3 个任务,分别是:了解建筑节能与环保的重要性、掌握建筑节能基本技术、了解建筑环保防护技术。主要编写者是:曾昭兵。教学时长建议为 6 学时。

由于时间仓促,加之编者学识有限,书中难免有不足和疏漏之处,恳请广大师生将意见和建议通过重庆大学出版社反馈给我们,以便在后续版本中不断改进和完善。

本教材在编写过程中参阅了大量的资料,在此对原作者表示深深的感谢!

编 者

2017 年 3 月

目　录

模块一　建筑施工安全生产管理

随着经济社会的发展,我国建设行业得到了长足的发展和进步。文明施工的提出对建筑企业提出了更高的要求,特别是各种现场安全事故的发生,安全生产已经成为建筑施工企业日常工作的重中之重。作为施工现场专职安全管理人员,安全员掌握必要的建筑工程施工安全生产管理知识是其岗位的需要。本模块的主要学习任务是:了解建筑施工安全生产基本知识;熟悉建筑施工安全教育制度;掌握建筑施工安全生产基本要求。通过学习,对建筑工程施工安全生产管理有一个清晰的认识。

 学习目标

(一)知识目标

1.能复述建筑施工安全生产的概念;
2.能理解建筑施工安全生产的特点;
3.能理解安全事故处理的原则。

(二)技能目标

1.会指导建筑施工企业建立安全教育制度;
2.会运用安全生产基本知识分析施工现场常见事故原因,并提出改进措施。

(三)职业素养目标

1.树立"生命高于一切、安全重于泰山"的安全工作理念;
2.养成对工作一丝不苟的态度。

任务一　了解建筑施工安全生产基本知识

 任务描述与分析

安全生产事关人的生命和健康,是人最基本的需要。安全生产是我国的一项重要政策,也是现代企业管理的一项基本原则。安全生产的目的,就是保护劳动者在生产过程中的安全和健康,促进国家经济繁荣、稳定、持续、健康发展。安全生产是发展中国特色社会主义市场经济、全面实现小康社会目标的条件,是构建和谐社会、和谐企业的基本保障,是社会文明程度的重要标志。建筑施工安全是建设工程施工企业的生命,是企业追求的目标。本任务的具体要求是:掌握建筑施工安全生产的概念、安全生产的常用术语、建筑工程的参与主体、建筑安全事故的特点等专业知识;具有辨认建筑施工现场安全标志和安全色等基本技能。

 知识与技能

(一)建筑施工安全生产的基本概念

安全生产就是在社会生产活动中,通过对人、机、物料、环境、方法的和谐运作,使生产过程中潜在的各种事故风险和伤害因素始终处于有效控制状态,切实对劳动者的生命安全和身体健康进行保护,同时还要保护设备、设施的安全,保证生产顺利进行。它既包括对劳动者的保护,也包括对生产机具、财物、环境的保护,使生产活动正常进行。

建筑施工安全生产,是指在建筑生产过程中为了避免造成人员的伤亡和经济损失,确保人身安全、生产设备和设施安全可靠,防止环境污染等事故发生,而采取的相应的技术防范措施和活动。安全生产工作应当以人为本,坚持安全发展,坚持"安全第一、预防为主、综合治理"的方针,强化和落实生产经营单位的主体责任,建立生产经营单位负责、职工参与、政府监管、行业自律和社会监督的机制。

建筑安全生产涉及面广、影响因素多、技术要求高,是专业性较强的技术工作。建筑施工安全生产包括安全生产管理、建筑安全技术、劳动卫生和安全教育培训。

建设工程施工企业为避免或减少重大安全事故的发生,应加强安全教育,提高安全意识;强化安全生产的管理,落实好安全生产责任制;建立安全生产保障体系,将目标管理的内容进行分解,落实到具体责任人,把安全生产和文明施工深化到每个职工的行动中。

(二)建筑施工安全生产的特点

1.唯一性

由于工程项目的规模、结构形式及建筑施工环境的差异,导致建筑产品不会完全相同。因而建筑产品是一次性的、单一的产品。建筑施工安全生产具有唯一性的特点。

2.流动性和不确定性

由于建筑产品的固定性,生产固定产品的施工队伍在完成任务后就必须转移到另一个新的生产场地。因而,建筑施工安全生产具有流动性的特点。建筑施工又是流水作业,工作场所和工作内容是不断变化的,其施工过程中的安全问题也是不断变化的,危险源存在不确定性。建筑施工安全生产具有流动性和不确定性的特点。

3.多样性

每一个建筑都具有特定的使用功能要求,因此决定了它的结构形式、建筑物的大小、建筑表现手法各不相同,形成了建筑产品的多样性。建筑产品的多样性,导致了施工工艺的多样性,各种施工工艺存在着不同的危险源,且随着施工进度、施工现场的改变,不安全因素也随之变化,必须采取相应的安全防范措施。建筑施工安全生产又具有多样性的特点。

4.协作性

建筑工程项目是由多个安全责任主体共同协作完成的。参与主体包括建设、勘察、设计、监理、施工、材料设备供应等多个单位,它们之间存在着较为复杂的关系,需要通过法律法规、合同来协调。建筑施工安全生产具有良好的协作性。

5.施工周期长、露天作业多

由于建筑产品的体积特别庞大,施工周期一般都在一年以上,且基础、主体、屋面及室外装修等工程大多是露天作业,又多以手工作业的体力劳动为主。高强度的建筑作业、施工现场的噪声、有害气体和尘土等,使得作业人员体力和注意力下降,气候环境恶劣,工作条件极差,极易引发各类事故。建筑施工安全生产具有施工周期长和露天作业多的特点。

6.投入大、管理难度高

新技术、新材料、新工艺的大量采用,以及土地资源的日益稀少,使建筑物向体积更大、高度更高的方向发展,使单个项目一次投入的资源有越来越多的趋势,对设备、人员的安全管理压力日益增加。建筑施工安全生产具有投入大、管理难度高的特点。

(三)建筑工程参与主体

建设工程是一个涉及面广、程序复杂、生产周期较长的系统性工程。从事建设活动的单位主要有建设单位、工程项目管理企业、工程勘察设计企业、工程监理企业、施工单位等。

1.建设单位

在工程项目中,建设单位可以是业主或房地产开发商。

业主是工程项目建设工程的总负责方,拥有相应的建设资金,它可能是政府、企业、其他投资者,或几个企业的组合。业主根据需要,确定工程的建设规模、功能、外观、材料设备等。

房地产开发商是以土地、房屋或基础配套设施开发经营为主体的经济实体,在工程建设中,角色与业主相同。

2.工程项目管理企业

以工程项目管理技术为基础,以工程项目管理服务为主业,具有工程勘察、设计、施工、监理、造价咨询等一项或多项资质的企业称为工程项目管理企业。工程项目管理企业代表业主对工程项目进行多方面的管理。

3.工程勘察设计企业

依法取得资格,从事工程勘察、工程设计活动的单位称为工程勘察设计企业。勘察单位最终提出施工现场的地理位置、地形、地貌、地质水文等勘察报告。设计单位是指根据建设工程的要求,对建设工程所需的技术、经济、资源、环境等条件进行分析论证和设计的单位。设计单位最终提供设计图纸和成本预算成果。

4.工程监理企业

经政府有关部门批准,具有法人资格,代表业主对项目的实施进行监督管理的单位称为工程监理企业。在工程建设中,工程监理企业对工程建设项目施工阶段的工程质量、建设工期、施工安全、建设投资和环境保护等代表建设单位实施专业化监督管理。监督指导建设单位与施工单位签订公平、公正的合同。

5.施工单位

从事土木工程、建筑工程、线路管道和设备安装工程及装修工程的新建、扩建、改建和拆除等有关活动的企业称为施工单位。施工单位负责施工现场的生产及安全管理,严格执行合同并保质保量地完成任务,不得偷工减料。

(四)安全生产术语

1.事故

事故是指造成人员死亡、伤害、职业病、财产损失或其他损失的意外事件。事故是意外事件,是人们不希望发生的,同时也产生了违背人们意愿的后果。

2.事故隐患

事故隐患泛指生产系统中可导致事故发生的人的不安全行为、物的不安全状态和管理上的缺陷,是引发安全事故的直接原因。

3.三违

"三违"是指违章指挥、违章操作、违反劳动纪律。

4.三不伤害

"三不伤害"是指不伤害自己、不伤害他人、不被他人伤害。

5.危险物品

危险物品是指易燃易爆物品、危险化学品、放射性物品等危及人身安全和财产安全的物品。

6.重大危险源

重大危险源是指长期或者临时生产、搬运、使用或者储存危险物品,且危险物品的数量等于或超过临界量的单元(包括场所和设施)。

7.人的不安全行为

人的不安全行为是指作业人员违反安全生产规章制度和安全操作规程的行为。不安全行为主要表现:一是在正常和非正常精神状态下的感受和判断以及错误操作;二是因知识和经验缺乏而进行的不安全作业。

8.物的不安全状态

由于物的能量可能释放引起事故的状态,称为物的不安全状态。所有物的不安全状态,都与人的不安全行为或人的操作、管理失误有关。往往在物的不安全状态背后,隐藏着人的不安全行为或人为失误。物的不安全状态既反映了物的自身特性,又反映了人的素质和人的决策水平。

(五)安全标志和安全色

1.安全标志

安全标志是用以表达特定安全信息的标志,由图形符号、安全色、几何形状(边框)或文字构成。安全标志按其用途分为禁止标志、警告标志、指令标志和提示标志四大类型。

(1)禁止标志:不准或制止人们的不安全行为的图形标志,采用红色。

(2)警告标志:提醒人们对周围环境引起注意的图形标志,采用黄色。

(3)指令标志:强制人们必须遵守某项规定,做出某种动作或采用防范措施的图形标志,采用蓝色。

(4)提示标志:向人们提供某种信息的图形标志,采用绿色。

2.安全色

我国规定了红、蓝、黄、绿四种颜色为安全色。红、白色间隔的含义是禁止通行;黑、黄色间隔的含义是警告危险。

拓展与提高

(一)建设工程安全生产禁止标志

 禁止吸烟 禁止烟火 禁止带火种 禁止明火作业 严禁酒后上岗 禁止放易燃物 禁止用水灭火 禁止启动

 禁止合闸 修理时禁止转动 运转时禁止加油 禁止触摸 禁止通行 禁止跨越 禁止攀登 禁止跳下

 禁止入内 禁止停留 禁止靠近 禁止吊篮乘人 禁止堆放 禁止停车 禁止抛物 禁止戴手套

禁止穿化纤服装　禁止穿钉鞋　禁止饮用　禁止单扣吊装　禁止驶入　禁止机动车通行　禁带烟火　禁止非机动车停车

禁止转动　禁止燃放鞭炮　禁止吊钻杆时过人　禁止架梯　禁止拍照　禁止混放　禁止锁闭　禁止乱动消防器材

禁止跨输送带　禁止扒乘矿车　禁止酒后入井

（二）建设工程安全生产警告标志

当心坑洞　当心塌方　当心弧光　当心碰头　当心伤手　当心绊倒　当心落物　当心滑跌

当心扎脚　注意安全　当心火灾　当心车辆　当心机械伤人　当心触电　当心坠落　当心吊物

（三）建设工程安全生产指令标志

必须保持清洁　必须注意通风　必须戴安全帽　必须加锁　必须持证上岗　必须用防护屏　必须穿防护鞋　必须戴防护眼镜

必须戴防毒面具　必须用防护网罩　必须戴防尘口罩　必须戴防护帽　必须用防护装置　必须穿工作服　必须戴防护手套　必须系安全带

思考与练习

（一）单项选择题（下列各题中，只有一个最符合题意，请将其编号填写在括号内）

1.当前的建筑施工安全必须贯彻执行（　　）的原则。

A.生产必须安全、安全为了生产

B.安全第一、预防为主

C.安全第一、预防为主、综合治理

D.管生产必须管安全

2.工程建设中，（　　）对工程建设项目施工阶段的工程质量、建设工期、施工安全、建设投资和环境保护等代表建设单位实施专业化监督管理。

A.建设单位　　　　　　　　　　　　B.施工单位

C.设计单位　　　　　　　　　　　　D.监理单位

3.由于建筑产品的（　　），导致建筑施工安全生产具有流动性的特点。

A.单一性　　　　　　　　　　　　　B.固定性

C.体积庞大性　　　　　　　　　　　D.多样性

（二）多项选择题（下列各题中，至少有两个答案符合题意，请将其编号填写在括号内）

1.建筑施工安全生产包括（　　）。

A.安全生产管理　　　　　　　　　　B.建筑安全技术

C.劳动卫生　　　　　　　　　　　　D.安全教育培训

E.安全法规

2.建筑施工安全生产的特点有（　　）。

A.一次性　　　　　　　　　　　　　B.流动性

C.多样性　　　　　　　　　　　　　D.协作性

E.周期长

3.建筑工程的参与主体包括（　　）。

A.建设单位

B.工程项目管理企业

C.工程勘察设计企业

D.施工单位

E.工程监理企业

（三）判断题（请在你认为正确的题后括号内打"√"，错误的题后括号内打"×"）

1.安全生产既包括对劳动者的保护，也包括对生产、财物、环境的保护，使生产活动正常进行。　　　　　　　　　　　　　　　　　　　　　　　　　　　　　　　　（　　）

2.建筑产品的体积庞大性决定了建筑施工安全生产的周期长。　　　　　　（　　）

3.建设单位应负责施工现场的安全生产和安全管理工作。　　　　　　　　（　　）

任务二 熟悉建筑施工安全教育制度

 任务描述与分析

安全是生产赖以正常进行的前提,安全教育又是安全控制工作的重要环节。对建设工程施工工人进行安全教育的目的是提高工人的安全意识和安全防护能力,预防和控制施工中安全事故的发生。通过安全教育,使他们了解我国安全生产和劳动保护的方针、政策、法规、规范,掌握安全生产知识和技能,提高职工安全觉悟和安全技术素质,增加企业领导和广大职工搞好安全工作的责任感和自觉性,树立群防群治的安全生产新观念,真正从思想上认识到安全生产的重要性,在工作中提高遵章守纪的自觉性,在实践中体验劳动保护的必要性。本任务的具体要求是:掌握施工企业安全教育制度构建和安全教育档案管理的基本要求,熟悉安全教育档案管理、安全教育检查和评价工作的技能。

 知识与技能

从事新建、改建、扩建等活动的施工工人均应接受相应的安全教育。建设工程施工企业必须组织施工工人进行安全教育,并应始终不渝地坚持"先教育,后上岗"原则。建设工程施工工人安全教育应遵守《中华人民共和国建筑法》《中华人民共和国安全生产法》《建设工程安全生产管理条例》等法律、法规。建设工程施工企业应强化新入场工人(即初次进入某一施工场地从事建设工程施工活动的作业人员)的安全教育工作,应遵守"平安卡"(IC卡)教育规定(即县级建设行政主管部门对建设工程施工工人进行的从业前安全生产教育),建设工程施工工人参加"平安卡"教育后,经县级建设行政主管部门考核合格的应发放在全国建设工程施工领域使用的"平安卡"。建设工程施工企业应遵守三级安全教育工作,对新入场工人进行的安全生产基本教育应包括公司级安全教育、项目级安全教育和班组级安全教育。建设工程施工企业应重视特定情况下的适时安全教育工作。对建设工程施工工人适时进行的有针对性的安全教育,主要应包括节假日前后安全教育、季节性施工安全教育、转岗复岗安全教育、违章违纪教育、发生事故后的安全教育等。建设工程施工企业应教育工人重视班前安全装备工作(即施工班组在每天上岗前进行的安全活动)检查,认真查找各种危险源。

(一)施工企业安全教育制度构建的基本要求

1.必须建立安全教育制度和安全教育责任制,并设立相应的安全教育机构

建筑施工企业应认真组织建设工程施工工人进行"平安卡"教育、三级安全教育、特定情况下的适时安全教育、安全生产继续教育、经常性安全教育以及班前安全活动。建设工程施工企业必须如实记录建设工程施工工人安全教育和上岗作业后的违章违纪情况,必须定期检查本企业建设工程施工工人的安全教育情况。建设工程实行施工总承包的,其总承包单位应对

施工现场工人的安全教育工作负总责,分包单位应服从总承包单位的监督管理,总承包单位应对分包单位的现场施工工人安全教育情况进行定期检查。监理单位必须对所监理工程项目的建设工程施工工人的安全教育情况进行监督检查,对检查发现的问题应要求施工单位落实整改,整改不力或拒不整改的应及时向相关建设行政主管部门报告。建设行政主管部门应对建设工程施工工人安全教育工作实施监督检查(检查不合格的应责令限期整改,并应作为建设工程施工企业、项目负责人的不良行为进行记录,逾期未改正的应责令其停工整改),对监理单位在安全教育工作中未履行监理职责的应作为监理单位、项目总监理工程师的不良行为进行记录。建设工程施工工人从业前必须接受"平安卡"教育并取得"平安卡",建设工程施工新入场工人必须进行三级安全教育并经考核合格后方可上岗作业。

安全教育机构的主要职责主要有 6 个方面:

(1)根据自身企业的生产特点制订企业年度安全教育计划并组织实施;

(2)审查工程项目安全教育计划,并对项目安全教育工作进行指导和监督;

(3)对安全教育师资进行科学组织与管理;

(4)编制或配备三级安全教育教材;

(5)建设工程施工工人安全教育信息化管理;

(6)企业安全教育档案管理。

2.安全教育机构应认真组织与开展本企业的安全教育工作

建设工程施工企业必须在每年的年初制订企业年度安全教育计划,企业年度安全教育计划应由安全教育机构负责人组织编制并报企业负责人批准。建设工程施工企业工程项目部必须在开工前制订安全教育计划。项目安全教育计划应由项目负责人组织编制,安全教育机构负责审核,企业负责人批准。安全教育计划应包括教育对象、教育目标、教育时间及地点、教育内容、组织形式、师资安排、教材配备、设备设施等内容。建设工程施工企业安全教育授课人员应由具有 5 年以上施工现场管理经验并取得相应证书(包括安全生产考核合格证、注册安全工程师执业资格证、当地建设行政主管部门颁发的安全教育师资证书等)的人员。

3.三级安全教育应按公司级、项目级、班组级依次进行

三级安全教育授课人员应符合相关要求。公司级授课人员应了解国家有关安全生产方面的法律法规,且应熟悉企业规章制度以及建设工程施工特点;项目级授课人员应熟悉施工安全技术标准以及本项目规章制度和施工特点,且应对工程项目的危险源、重大危险源具有辨识能力及安全事故防范知识;班组级授课人员应掌握相应工种安全技术操作规程和劳动保护用品使用方法,且应对危险性较大的部位和环节具有辨识能力及安全施工防范知识。新入场工人三级安全教育总学时应不少于 24 学时,其中公司级安全教育应不少于 8 学时,项目级安全教育应不少于 12 学时,班组级安全教育应不少于 4 学时。公司级安全教育应由安全教育机构组织实施,零星新入场工人(5 人及以下)的公司级安全教育可由安全教育机构委托工程项目部组织实施。建设工程施工工人已接受本企业三级安全教育的,进入新的施工现场时可不再进行公司级安全教育。项目级安全教育应由工程项目部负责组织实施。建设工程实行施工总承包的,其分包单位在进行项目级安全教育时必须提前书面通知总承包单位,总承包单位必须派人参加,共同开展项目级安全教育。

公司级安全教育主要包括 5 个方面内容:

（1）国家和地方有关安全生产、环境保护方面的方针、政策及法律法规；

（2）建设行业施工特点及施工安全生产的目的和重要意义；

（3）施工安全、职业健康和劳动保护的基本知识；

（4）建设工程施工工人安全生产方面的权利和义务；

（5）本企业的施工生产特点及安全生产管理规章制度、劳动纪律。

项目级安全教育主要包括9个方面内容：

（1）施工现场安全生产和文明施工规章制度；

（2）工程概况、施工现场作业环境和施工安全特点；

（3）机械设备、电气安全及高处作业安全的基本知识；

（4）防火、防毒、防尘、防爆基本知识；

（5）常用劳动防护用品佩戴、使用基本知识；

（6）危险源、重大危险源的辨识及安全防范措施；

（7）生产安全事故发生时自救、排险、抢救伤员、保护现场和及时报告等应急措施；

（8）紧急情况和重大事故应急预案；

（9）典型安全施工案例。

班组级安全教育应由班组负责组织实施（工程项目部对其进行指导和监督）。班组级安全教育主要包括以下8个方面内容：

（1）本班组劳动纪律和安全生产、文明施工要求；

（2）本班组作业环境、作业特点和危险源；

（3）本工种安全技术操作规程及基本安全知识；

（4）本工种涉及的机械设备、电气设备及施工机具的正确使用和安全防护要求；

（5）采用新技术、新工艺、新设备、新材料施工的安全生产知识；

（6）本工种职业健康要求及劳动防护用品的主要功能、正确佩戴和使用方法；

（7）本班组施工过程中易发生事故的自救、排险、抢救伤员、保护现场和及时报告等应急措施；

（8）本工种典型安全事故案例。

班组级安全教育完成后应由项目部组织三级安全教育考核并保存相关的考核记录。三级安全教育考核应以笔试为主，可根据实际情况辅以其他考核方式。建设工程施工企业必须组织本企业建设工程施工工人参加属地县级建设行政主管部门举办的"平安卡"教育活动。

4.特定情况下的适时安全教育应遵守有关规定

在高温、严寒、台风、雨雪等特殊气候条件下施工时，建设工程施工企业应结合实际情况组织工人有针对性地进行季节性安全教育。

建设工程施工工人在同一施工现场内变换工种或离岗3个月以上复岗的应进行转岗、复岗安全教育，其教育内容和学时应与三级安全教育中的班组级安全教育相同。

在法定假期为3 d以上的重大节假日前后，建设工程施工企业应根据实际情况组织工人进行施工、消防、生活用电、交通、社会治安等方面的安全教育。

建设工程施工工人违章违纪行为达3次（或因违章、违纪造成生产安全事故的）时，建设工程施工企业必须对其进行违章违纪教育。

工程项目发生生产安全事故后，建设工程施工企业应组织现场工人进行事故教育以吸取教训。

5.安全生产继续教育应遵守相关规定

建设工程施工工人每年必须接受专门的安全生产继续教育。建设工程施工企业普通工种工人每年接受安全生产继续教育的时间不得少于8学时;建设工程施工企业特种作业人员在通过专业技术培训并取得《特种作业人员操作证》后仍应每年接受安全生产继续教育,且时间不得少于12学时。

6.经常性安全教育应遵守相关规定

建设工程施工企业应坚持开展经常性安全教育。经常性安全教育宜采用安全生产讲座、安全知识竞赛、安全知识展览、广播、播放音像制品、文艺演出、简报、通报、黑板报等形式。建设工程施工企业必须在施工现场入口处设置安全纪律牌,在施工现场设置安全教育宣传栏、张挂宣传标语。

7.班前安全活动应遵守相关规定

建设工程施工企业必须建立班前安全活动制度。施工班组应每天进行班前安全活动并填写安全活动记录表。班前安全活动应由班组长组织实施,项目部负责指导、监督。

班前安全活动主要包括以下4个方面内容:

(1)前一天安全生产工作小结(包括施工作业中存在的安全问题和应吸取的教训);

(2)当天工作任务及安全生产要求(应针对当天的作业内容和环节、危险部位和危险因素、作业环境和气候情况提出安全生产要求);

(3)班前安全教育(包括项目和班组的安全动态、国家和地方的安全生产形势、近期安全生产事件及事故案例教育);

(4)岗前安全隐患检查及整改(应检查机械、电气设备、防护设施、劳动防护用品、作业人员的安全状态)。

8.应重视安全教育的信息化管理工作

省级建设行政主管部门应组建建设工程施工工人安全教育信息管理系统。县级建设行政主管部门应在安全信息管理系统中为参加"平安卡"教育的建设工程施工工人建立个人的安全教育信息档案(档案中应录入个人身份资料及"平安卡"教育信息)。建设工程施工企业应及时将建设工程施工工人的相关信息录入其个人的安全教育信息档案中。这些信息应主要包括进场时间及三级安全教育信息、日常安全工作中的突出表现和不良行为、其他安全教育信息、离场时间及安全生产评语。

(二)建筑企业安全教育档案管理的基本要求

1.建设工程施工企业应重视安全教育档案的管理工作

建设工程施工企业工程项目部应建立施工工人的安全教育档案资料(资料必须真实、齐全、准确且应易于检索、查询)。安全教育档案资料主要包括以下11个方面内容,即安全教育制度、安全教育责任制、安全教育计划、安全教育授课人员资格证明、三级安全教育教材、"平安卡"复印件、新入场工人三级安全教育记录表、新入场工人三级安全教育汇总表、班前安全活动记录、其他安全教育记录、安全教育检查记录。

安全教育档案应由专人管理且应及时收集、整理和归档。

2.建设工程施工企业应重视安全教育检查和评价工作

对建设工程施工工人安全教育的完成情况进行检查评价时应采用检查评分表的形式。检查评分表中应设立保证项目和一般项目,保证项目应是检查的重点和关键。检查评分表的主要内容应包括安全教育制度和责任制、安全教育机构和计划、监督管理、教育效果现场抽查、三级安全教育、"平安卡"教育、班前安全活动、其他安全教育、安全教育档案及信息化管理 9 项检查项目。安全教育检查应采用质量检查和教育效果现场抽查相结合的方式,教育效果现场抽查应在现场作业人员中随机抽取 5~8 人以考查其安全教育内容的掌握情况。检查评分表满分为 100 分,总得分应为表中各检查项目实得分数之和。各检查项目评分不得为负值,所扣分数总和不得超过该项目应得分数。在检查评分中,当保证项目有一项不得分或保证项目小计不足 40 分时其检查评分表应记为零分。多人进行检查评分时应按加权评分方法确定分值,权数的分配原则是专职安全管理人员为 0.6,其他人员为 0.4。建设工程施工工人安全教育检查评分表应作为工程项目安全教育情况的评价依据(评价结果可分优良、合格、不合格三个等级,检查评分表总得分在 80 分及以上为优良,70 分及以上为合格,不足 70 分为不合格)。在建设工程施工安全检查时,建设工程施工工人安全教育检查评分表不足 70 分的,其《施工安全检查标准》(JGJ 59—2011)安全管理检查评分表中的"安全教育"检查项目应扣 10 分。

拓展与提高

新入场工人三级安全教育记录表可参考表 1-1。进行公司级、项目级、班组级各级教育后应由教育人和受教育人分别签名。实行工程总承包的,总承包单位与分包单位的教育人应分别在项目级安全教育一栏上签名。

表 1-1　新入场工人三级安全教育记录表

工程名称:		施工单位:		平安卡号:		编号:		
姓名		性别		年龄		文化程度		
身份证号			入场日期　年　月　日		施工作业工龄　年			粘贴照片
班组(工种)		工作卡号		个人联系电话				
家庭住址及电话								
三级安全教育主要内容					学时	教育人	受教育人	
公司级						签名: 　　年　月　日	签名: 　　年　月　日	
项目级						签名: 　　年　月　日	签名: 　　年　月　日	
班组级						签名: 　　年　月　日	签名: 　　年　月　日	
考核意见:							年　月　日	
违章违纪情况记录				突出表现及奖励记录				

新入场工人三级安全教育汇总表可参考表 1-2(可分工种或班组汇总)。

表 1-2　新入场工人三级安全教育汇总表

工程名称:　　　　施工单位:　　　　班组:										
序号	姓名	性别	年龄	工种	施工作业工龄	平安卡号	进场时间	考核时间	考核成绩	备注
填表人:　　　　　　　　　　　　　　　　日期:　　　　年　　月　　日										

班前安全活动记录表可参考表 1-3,该表应记录完整,并由班组长每月交安全员和资料员存档。

表 1-3　班前安全活动记录表

工程名称:　　　　施工单位:　　　　班组:　　　　年　　月　　日						
当天作业部位	作业人数	防护设施及环境			个人防护用品配备	
		作业环境	防护措施	作业面	安全帽	安全带	其他
		注:符合规范打√,不符合规范打×				
前一天的安全生产工作小结						
当天作业内容及安全生产要求						
班前的安全教育						
岗前安全隐患检查及整改						
班组长签名		记录人		缺勤人员		
参加活动作业人员签名						

建设工程施工工人安全教育检查评分表可参考表1-4。

表1-4　建设工程施工工人安全教育检查评分表

工程名称：		施工单位：		年	月	日
序号	检查项目		扣分标准	应得分	扣减分	实得分
1	安全教育制度和责任制		无安全教育制度的扣10分	10		
			未建立安全责任制的扣10分			
			安全教育制度和责任制不完善、不健全的扣3~6分			
			各级、各部门未执行安全教育责任制的扣5分			
2		安全教育机构和计划	企业未设立安全教育机构的扣10分	10		
			企业未制订年度安全教育计划的扣10分			
			项目未制订安全教育计划的扣6分			
	保证项目		安全教育培训计划未按要求审批的扣5分			
			安全教育计划内容不完整、针对性不强的扣3~5分			
			安全教育授课人员资格不符合规定要求的扣2~5分			
			未配备三级安全教育教材的扣5分			
3		监督管理	企业未定期进行安全教育情况检查的扣6~10分	10		
			项目部未定期进行安全教育情况检查的扣3~6分			
			施工总承包单位未定期对分包单位三级安全教育情况进行检查的扣3~5分			
			对检查发现的问题未落实整改的扣3分			
4		教育效果现场抽查	每有一人不懂安全生产常识或本工种安全操作规程的扣2分	15		
			每有一人违章作业的扣3分			
5		三级安全教育	未组织新入场工人进行三级安全教育的扣15分	15		
			三级安全教育未达到规定学时的扣2~6分			
			三级安全教育内容不全面或针对性不强的扣3~6分			
			施工总承包单位未参加分包单位的项目级安全教育的扣5分			
			每有一人未经三级安全教育或未考核合格进入现场作业的扣2分			
	小　计			60		

续表

工程名称：		施工单位：		年	月	日

序号	检查项目		扣分标准	应得分	扣减分	实得分
6		"平安卡"教育	未组织工人参加"平安卡"教育的扣 10 分	10		
			每有一人未取得"平安卡"的扣 3 分			
7		班前安全活动	无班前安全活动制度的扣 10 分	10		
			班前安全活动内容不全面或针对性不强的扣 3 分			
			无班前安全活动记录或记录不全、不真实的扣 3 分			
8	一般项目	其他安全教育	未进行节假日前后安全教育、季节性安全教育、转岗复岗安全教育、违章违纪教育、事故后未进行安全教育的，没有一项扣 3 分	10		
			未对工人进行安全生产继续教育的扣 5 分			
			安全生产继续教育未达到规定学时的扣 3 分			
			未坚持开展经常性安全教育的扣 3 分			
9		安全教育档案及信息化管理	未建立安全教育档案的扣 10 分	10		
			档案资料不齐全或记录不真实的扣 3~5 分			
			档案无专人管理的扣 3 分			
			未及时将工人相关信息录入其安全教育档案的扣 3~5 分			
			小　计	40		
			检查项目合计	100		

评语	
检查单位	
检查人员	受检查项目负责人

思考与练习

（一）单项选择题（下列各题中,只有一个最符合题意,请将其编号填写在括号内）

1.建设工程施工企业必须组织施工工人进行安全教育并应始终不渝地坚持（　　）原则。

A.先上岗,后学习　　　　　　　　　　B.先上岗,后教育

C.先学习,后教育　　　　　　　　　　D.先教育,后上岗

2.新入场工人三级安全教育总学时应不少于（　　）学时。

A.4　　　　　　　B.8　　　　　　　C.12　　　　　　　D.24

3.建设工程实行施工总承包的,总承包单位必须派人参加,以共同开展（　　）安全教育。

A.公司级　　　　　　　　　　　　　B.项目级

C.班组级　　　　　　　　　　　　　D.班前级

4.建设工程施工工人在同一施工现场内变换工种或离岗（　　）个月以上复岗的应进行转岗复岗安全教育,其教育内容和学时应与三级安全教育中的班组级安全教育相同。

A.1　　　　　　　B.2　　　　　　　C.3　　　　　　　D.6

5.建设工程施工工人安全教育检查评分表应作为工程项目安全教育情况的评价依据,其检查评分表总得分在不足（　　）分时为不合格。

A.80　　　　　　B.70　　　　　　C.65　　　　　　D.60

（二）多项选择题（下列各题中,至少有两个答案符合题意,请将其编号填写在括号内）

1.建设工程施工企业应遵守三级安全教育工作,对新入场工人进行的安全生产基本教育应包括（　　）安全教育。

A.省级　　　　　　B.县级　　　　　　C.公司级　　　　　　D.项目级

E.班组级

2.下列（　　）是安全教育机构的主要职责。

A.根据自身企业的生产特点制订企业年度安全教育计划并组织实施

B.审查工程项目安全教育计划并对项目安全教育工作进行指导和监督

C.建设工程施工工人安全教育信息化管理

D.采用新技术、新工艺、新设备、新材料施工的安全生产知识

E.编制与配给三级安全教育教材

3.建设工程施工工人（　　）时,建设工程施工企业必须对其进行违章违纪教育。

A.违章违纪行为达3次　　　　　　　B.因违章、违纪造成生产安全事故

C.不戴安全帽　　　　　　　　　　　D.随意乱拉电线

E.操作过程不听指挥

4.安全教育检查应采用（　　）相结合的方式。

A.现场检查　　　　　　　　　　　　B.旁听

C.质量检查　　　　　　　　　　　　D.教育效果现场抽查

E.旁站

5.班前安全活动应主要包括( )内容。

A.前一天的安全生产工作小结 B.下一阶段安全工作部署

C.当天作业内容及安全生产要求 D.班前的安全教育

E.岗前安全隐患检查及整改

(三)判断题(请在你认为正确的题后括号内打"√",错误的题后括号内打"×")

1.县级建设行政主管部门应组建建设工程施工工人安全教育信息管理系统。 ( )

2.班组级安全教育应由班组负责组织实施(工程项目部对其进行指导和监督)。 ( )

3.建设工程施工工人从业前必须接受"平安卡"教育并取得"平安卡",建设工程施工新入场工人必须进行三级安全教育并经考核合格后方可上岗作业。 ( )

4.对安全教育师资进行科学组织与管理是安全教育机构的主要职责。 ( )

5.在安全教育检查评分表中,各检查项目评分不得为负值。 ( )

任务三 掌握建筑施工安全生产基本要求

任务描述与分析

安全生产管理是企业管理的一个重要组成部分,是指经营管理者对安全生产工作进行的策划、组织、指挥、协调、控制和改进的一系列活动,目的是保证在生产经营活动中的人身安全、财产安全,促进生产发展,保持社会稳定。完善安全生产管理体制,建立健全安全生产管理制度、安全生产管理机构和安全生产责任制是安全管理的重要内容,也是实现安全生产管理目标的组织保障。本任务的具体要求是:掌握有关安全事故处理的原则,建筑工程施工现场安全管理的内容;辨析建筑施工现场安全事故原因,提出相关改进措施。

知识与技能

(一)建筑施工安全生产原则

安全生产必须坚持"安全第一,预防为主,综合治理"的原则。在施工前,首先进行调查研究,根据其调查结果编制施工组织设计、施工方案设计及重要工程安全技术措施,并由相关负责人审核并备案。施工时必须设置专职安全员管理施工安全,定期检查执行情况,检查违章指挥、违章作业、违反劳动纪律情况,检查与施工计划是否相符;当预知危险时,必须及时采取相应措施。

职业安全卫生设施必须符合国家规定的标准,对一切新建、改建及扩建的基本建设项目、技术改造项目、改进的建设项目,必须与主体工程同时设计、同时施工、同时投入生产和使用。

对事故处理必须坚持和实行"四不放过"的原则:

(1)事故原因没有查清不放过;

(2)事故责任者和群众没有受到教育不放过;

(3)安全隐患没有采取切实可行的防范措施不放过;

(4)事故责任者没有受到处理不放过。

(二)建筑施工现场安全管理

1.施工前的协调会议

施工单位应在开工前,与业主、监理人员和项目经理、各专业施工单位负责人等举行协调会议。以施工安全生产为中心,针对施工全过程中出现的问题进行协调,并把建筑施工过程可能遇到的困难等事前告知相关单位。

2.制订安全生产责任制

安全生产责任制是保证安全生产的基本制度,包括项目经理部各级领导,技术、管理等与施工生产有关的各类人员的安全生产责任制。具体内容包括安全管理的组织及实施,强化对施工机具和设备、防护用具的定期检查,检查重点为强风、暴雨、暴雪等恶劣天气下装备的储备情况。

3.施工现场安全生产目标管理

安全目标管理是建设工程的重要举措之一。企业或项目部要实施安全目标管理,制订死亡事故控制目标、安全及文明施工目标等。施工现场还要明确施工期内的总目标和分阶段目标,即基础、主体、屋面、装修等安全目标,并将责任分解,以便于在不同阶段对不同的人和不同的安全目标进行考核。

4.施工组织设计

施工组织设计是指导施工的纲领性文件,要经生产、技术、机械、材料、安全等部门审查通过并由具有法人资格的企业总工程师审批生效。施工组织设计编制包括全场性施工准备计划、施工部署及主要建筑物的施工方案、施工进度计划、施工现场布置等。对于专业性较强的项目需要单独编制专项施工方案,如脚手架工程、深基坑围护工程、模板工程、塔吊工程等。在组织工程项目施工过程中,要从实际出发,合理安排施工工期,确保安全管理费用的合理使用,保证所采用的工法、所使用的机械设备安全可靠。

5.分部(分项)工程安全技术交底

安全技术交底是指导操作人员安全施工的技术措施,是工程项目安全技术方案的具体落实。在图纸会审的基础上,工程开工前,项目经理部技术负责人必须向承担施工的责任工长、专业队长、班组长和相关人员进行技术交底。技术交底要有针对性和可操作性,并形成书面材料,交底人和被交底人双方要履行签字手续并保存安全交底记录。技术交底的主要内容包括本工程项目的施工作业特点和危险点、针对危险点的具体预防措施、应遵守的安全操作规程和标准等。

6.安全生产检查

安全生产检查是安全生产管理的重要环节。企业及项目安全机构要进行定期或不定期的安全生产检查(公司实行月检、项目经理部实行旬检、工地实行日检),项目及班组安全员要进行日检,作好日检记录,并逐步养成习惯。检查方法归纳为"看""量""测""动作试验"。对检查出的隐患要做到定人、定时间、定措施,限期整改完成。

7.安全教育

安全教育包括法制教育、劳动纪律教育、安全生产知识和安全生产技能4个方面的内容。对新进场的工人必须进行上岗前的三级安全教育(公司、项目部、班组),变换工种时也要进行安全教育。要使工人掌握"不伤害自己、不伤害别人、不被别人伤害"的能力,提高操作人员的安全意识。工地通过开展"安全生产年""百日安全无事故"等活动进行安全教育,同时建立安全评价体系。

对特种作业人员必须通过培训考核合格,并取得岗位证书方可上岗作业。特种作业包括电工、架子工、电(气)焊工、起重工、锅炉工、塔式起重机司机、爆破工、机械操作、信号指挥、厂内车辆驾驶等。特种作业人员应登记造册,并定期参加年检,由专人管理。

8.工伤事故处理

企业按规定上报事故月报。发生事故后项目总监理工程师签发工程暂停令,并在第一时间上报相应安全主管部门,同时要求施工单位立即停止施工。施工单位应立即有组织地抢救伤员,保护现场,排除险情,并采取措施防止事故扩大。对事故要按事故调查分析规定进行处理,并建立工伤事故档案。

9.施工现场的布置

施工现场平面布置时要满足施工要求,场内道路通畅,运输方便,平面布置符合安全、消防、环境保护的要求。施工现场按照功能划分为施工作业区、辅助作业区、材料堆放区和办公生活区。施工现场应当场地平整,清除障碍物,雨期不积水。在施工现场内,每一个危险部位都要悬挂相应的标志牌,以便提示职工,预防危险发生。

(三)日常安全管理流程

工程项目施工现场具有工种多样化、立体作业、人员密集等特点,存在着诸多危险源。通过监督管理人员和施工人员共同配合进行的安全管理,可以减少或消除生产环境中的不安全因素,达到项目施工预期的安全生产目标。

(1)组织计划:方针目标→施工总进度表→安全管理计划→施工总工期安全管理计划、每月安全管理计划、每周安全管理计划。

(2)月安全管理循环:安全知识教育、安全技术培训→定期检查、各自检查→特别安全协调会→安全大会。

(3)周安全管理循环:上周的安全总结、安全作业指导书→安全施工讨论→施工内容安全检查→安全会议。

(4)日安全管理循环:入场→安全早会→新工人入场教育→开工前检查→安全巡查→安全施工讨论→清理场地→收工确认、提交报告。

（四）施工现场事故预防措施

任何事故的发生总是有原因的,归结起来可分为直接原因和间接原因两个方面。预防就是根据事故原因的分析,对危险点、危险源、危险场所实行安全防护措施,制订科学的防护措施和管理手段,确保与安全生产相适应的投入,提高安全防护用品和设施的装备程度。事故预防措施包括安全防护技术措施、安全教育及管理措施。

进行事故预防工作中要重点管理那些死亡多发的施工作业,建筑施工作业中常见的事故及相对应的事故改善措施见表 1-5～表 1-10。

表 1-5　洞口处及临边作业安全隐患的防治

事故类型	事故发生原因	事故改善措施	
		施工企业遵守事项	操作人员遵守事项
坠落或跌落事故	未设置防护栏杆	须设置防护栏杆	施工前对新工人进行安全教育
	洞口遮盖板强度不够	洞口处设置有足够强度的盖板,洞口处设置警示标志	学习有关坠落危险的区域、部位的安全知识
	未设置安全防护网	设置防坠落安全防护网	施工前对危险部位进行安全检查
	未佩带保护用具	设置危险区域或严禁入内的区域	会使用安全带等保护用具

表 1-6　活梯、支架和移动式操作平台施工安全隐患的防治

事故类型	事故发生原因	事故改善措施	
		施工企业遵守事项	操作人员遵守事项
坠落或跌落事故	未固定或未设置脚手架踏板	固定或设置脚手架踏板	检查脚手架踏板缺损情况;确认作业平台的连接部件
	使用次品脚手架踏板	禁止使用不合格的脚手架踏板;限制踏板的最大荷载;使用符合标准的移动式脚手架	要遵守操作规程(不强行按压和张拉);确认活梯脚部的防滑装置
	未设置保护网	必须设置保护网	必须携带防坠落的防护用具

表 1-7 脚手架施工安全隐患的防治

事故类型	事故发生原因	事故改善措施	
		施工企业遵守事项	操作人员遵守事项
坠落或跌落事故	脚手架踏板未固定或不稳定	脚手架踏板须捆扎牢固;升降设备采取防跌落措施	不站在脚手架踏板的挑出部位
	未系安全带、未设置保护网	设置安全保护网及扶手等	必须系安全带并跨接在主绳上;必须携带防坠落的防护用具
	施工方法、施工程序不合理	采用专业吊钩操作人员;制订完整可行的施工方案	在指挥人员指挥下进行;不从脚手架上强行装卸物件

表 1-8 模板支架施工安全隐患的防治

事故类型	事故发生原因	事故改善措施	
		施工企业遵守事项	操作人员遵守事项
倒塌或塌方事故	未按照施工图完成模板支架	必须按照施工图完成模板支架	严格执行施工计划;施工做法相对设计有较大改动时,应采取相应措施
	未指定施工技术人员	配备施工技术主管;绘制安装图	须在技术人员指挥下进行施工
	模板支架完工前临时放置重物	大荷载部位扣件满足要求	不在梁板上堆放重物
	混凝土浇筑方案不当	制订完整可行的施工方案	模板工和钢筋工之间沟通要充分

表 1-9　挖掘、挡土墙施工安全隐患的防治

事故类型	事故发生原因	事故改善措施	
		施工企业遵守事项	操作人员遵守事项
倒塌或塌方事故	未按照规定放坡或设置支撑	必须按照规定放坡或设置支撑;配置施工技术主管及检查人员	须在指定人员指挥下进行施工;沟槽内人员不能过多
	未对土体进行充分勘查;地下管线和设施情况不明	对土体状况及地下埋设情况要进行充分调查	特殊工种要有资格证
	堆土过高、离基坑(槽)边过近	设置挡土墙支架及防护网;将挖掘的砂土放在不影响坑道的安全距离外	对现有建筑物的沉降进行定期检查
	离现有的建筑物太近、其间土体不稳定	有塌方危险的地方采取严禁入内措施	

表 1-10　起重机施工安全隐患的防治

事故类型	事故发生原因	事故改善措施	
		施工企业遵守事项	操作人员遵守事项
建筑机械引起事故	地基和基础施工不符合设计要求	地基要有足够的强度	
	吊挂钢线强度不够	检查钢丝绳有无损伤;吊挂要有足够的能力	严格遵守额定荷载;需在规定手势指挥下进行施工
	超载吊车等违章作业和违章操作	施工前确定施工方案并告知相关人员;制订的施工计划要周密	严格按照起重机施工规章要求进行操作
	未启动安全设备	启动起重机安全设备;采取严禁入内措施	—
	机械操作错误;无资格证	—	特殊工种必须有资格证

为避免重大事故的发生,全面检查、经常检查、深入检查是发现事故隐患的"三查",消除隐患须做到"五定"要求,即定整改负责人、定整改措施、定整改完成时间、定整改完成人、定整改验收人。

 拓展与提高

安全生产管理原则

1.坚持"管生产必须管安全"的原则

(1)"管生产必须管安全"原则是指项目各级领导和全体员工在生产过程中必须坚持在抓生产的同时抓好安全工作。

(2)"管生产必须管安全"原则是施工项目必须坚持的基本原则。

(3)"管生产必须管安全"原则体现了安全和生产的统一,生产和安全是一个有机的整体,两者不能分割,更不能对立起来,应将安全寓于生产之中。

2.坚持"五同时"原则

"五同时"原则,是指企业的领导和主管部门在策划、布置、检查、总结、评价生产经营时,应同时策划、布置、检查、总结、评价安全工作。

3.坚持"三同时"原则

"三同时"原则,是指凡是我国境内新建、改建、扩建的基本建设工程项目、技术改造项目和引进的建设项目,其劳动安全卫生设施必须符合国家规定的标准,必须与主体工程同时设计、同时施工、同时投入生产和使用。

4.坚持"三同步"原则

"三同步"原则,是指安全生产与经济建设、企业深化改革、技术改造同步策划、同步发展、同步实施的原则。

5.坚持"四不放过"原则

"四不放过"原则,是在调查处理工伤事故时必须坚持的原则。具体内容是:事故原因没有查清不放过、事故责任人和周围群众没有受到教育不放过、事故没有制订采取切实可行的整改措施不放过、事故责任人没有受到处理不放过。

6.坚持"五定"原则

对查出的安全隐患要做到"五定",即定整改责任人、定整改措施、定整改完成时间、定整改完成人、定整改验收人。

7.坚持"六个坚持"原则

"六个坚持"原则,是指坚持管生产同时管安全、坚持目标管理、坚持预防为主、坚持全员管理、坚持过程控制、坚持持续改进。

思考与练习

(一) 单项选择题(下列各题中,只有一个最符合题意,请将其编号填写在括号内)

1.安全技术交底是指导( )安全施工的技术措施,是工程项目安全技术方案的具体落实。

A.项目经理   B.施工技术人员

C.操作人员   D.安全管理人员

2.( )是安全生产管理的重要环节。

A.安全生产责任制   B.安全生产目标

C.安全技术交底   D.安全生产检查

3.施工现场按照( )划分为施工作业区、辅助作业区、材料堆放区和办公生活区。

A.地形地貌   B.施工部位

C.功能   D.施工方法

4.施工现场发生事故后应由( )签发工程暂停令,并在第一时间上报相应安全主管部门,同时要求施工单位立即停止施工。

A.项目经理   B.项目总监理工程师

C.项目技术负责人   D.安全工程师

(二) 多项选择题(下列各题中,至少有两个答案符合题意,请将其编号填写在括号内)

1.对事故处理必须坚持和实行( )的原则。

A.事故原因没有查清不放过   B.事故责任者和群众没有受到教育不放过

C.施工单位没给予受害者补偿不放过   D.安全隐患没有采取切实可行的防范措施不放过

E.事故责任者没有受到严肃处理不放过

2."三同时",是指凡是我国境内新建、改建、扩建的基本建设工程项目、技术改造项目和引进的建设项目,其劳动安全卫生设施必须符合国家规定的标准,必须与主体工程( )。

A.同时规划   B.同时勘察   C.同时设计   D.同时施工

E.同时投入生产和使用

3.对于下列( )等专业性较强的项目需要单独编制专项施工方案。

A.基础工程   B.脚手架工程   C.深基坑围护   D.模板工程

E.塔吊工程

4.技术交底要有( ),并形成书面材料,交底人和被交底人双方要履行签字手续并保存安全交底记录。

A.主次性   B.针对性   C.完整性   D.可操作性

E.全面性

5.为避免重大事故的发生,( )是发现事故隐患的"三查"。

A.现场检查   B.全面检查   C.经常检查   D.重点检查

E.深入检查

(三)判断题(请在你认为正确的题后括号内打"√",错误的题后括号内打"×")

1.安全生产必须坚持"安全第一,防消结合,综合治理"的原则。　　　　　　　　(　　)

2.在施工现场内,可以选择在危险性较大的部位悬挂相应的标志牌,以便提示职工,预防危险的发生。　　　　　　　　　　　　　　　　　　　　　　　　　　　　　(　　)

3.安全生产检查是指导安全施工的纲领性文件。　　　　　　　　　　　　　(　　)

4.施工单位在开工前,与业主、监理和项目经理、各专业施工单位负责人等举行协调会议。
　　　　　　　　　　　　　　　　　　　　　　　　　　　　　　　　　　　(　　)

5.月安全计划循环是:方针目标→施工总进度表→安全管理计划→施工总工期安全管理计划、每月安全管理计划、每周安全管理计划。　　　　　　　　　　　　　　(　　)

考核与鉴定

(一)单项选择题(下列各题中,只有一个最符合题意,请将其编号填写在括号内)

1.安全生产工作应当强化和落实生产经营单位的(　　)责任。

A.安全　　　　　　B.主体　　　　　　C.巡查　　　　　　D.监督

2.参与建设工程项目的主体有建设、勘察、设计、监理、施工及材料设备供应等多个单位,这就要求建筑施工安全生产具有(　　)。

A.多样性　　　　　B.固定性　　　　　C.复杂性　　　　　D.协作性

3.(　　)代表业主对工程项目进行多方面的管理。

A.施工企业　　　　　　　　　　　B.监理企业

C.工程项目管理企业　　　　　　　D.设计企业

4.作业人员违反安全生产规章制度和安全操作规程的行为是(　　)。

A.人的不安全行为　　　　　　　　B.物的不安全状态

C.物的不安全行为　　　　　　　　D.人的不安全状态

5.警告标志含义是提醒人们对周围环境引起注意的图形标志,采用(　　)。

A.红色　　　　　　B.蓝色　　　　　　C.黄色　　　　　　D.黑色

6.建设工程施工企业安全教育授课人员应由具有(　　)年以上施工现场管理经验并取得相应证书的人员。

A.2　　　　　　　　B.3　　　　　　　　C.1　　　　　　　　D.5

7.建设工程施工工人在同一施工现场内变换工种或离岗(　　)个月以上复岗的应进行转岗复岗安全教育。

A.3　　　　　　　　B.6　　　　　　　　C.12　　　　　　　D.36

8.建设工程施工企业普通工种工人每年接受安全生产继续教育的时间不得少于(　　)学时。

A.4　　　　　　　　B.8　　　　　　　　C.12　　　　　　　D.24

9.班前安全活动应由(　　)组织实施。

A.项目经理　　　B.安全技术负责人　　　C.项目技术负责人　　　D.班组长

10.在检查评分中,当保证项目有一项不得分或保证项目小计不足( )分时其检查评分表应记为零分。

A.40   B.60   C.30   D.50

11.建筑施工现场发生事故后,对事故处理必须坚持和实行( )的原则。

A.三同时   B.四不放过   C.五定   D.六坚持

12.( )是建设工程的重要举措之一。

A.安全技术交底   B.安全生产目标   C.安全生产责任制   D.安全生产检查

13.建设工程施工企业按照规定应实行安全事故( )制度。

A.日报   B.旬报   C.月报   D.季报

14.项目及班组安全员要进行安全生产的( )制度。

A.年检   B.月检   C.旬检   D.日检

(二)多项选择题(下列各题中,至少有两个答案符合题意,请将其编号填写在括号内)

1.我国现阶段的安全生产方针包括( )。

A.安全第一   B.群策群防   C.预防为主   D.防消结合

E.综合治理

2.业主是工程项目建设工程的总负责方,拥有相应的建设资金,它可能是( )。

A.政府   B.企业   C.事业单位   D.其他投资者

E.几个企业的组合

3.在工程建设中,监理单位对工程建设项目施工阶段的( )等代表建设单位实施专业化监督管理。

A.工程质量   B.建设工期   C.施工安全   D.建设投资

E.环境保护

4.从事土木工程、建筑工程、线路管道和设备安装工程及装修工程的( )等有关活动的企业称为施工单位。

A.设计   B.新建   C.扩建   D.拆除

E.改建

5.安全标志按其用途分( )四大类型。

A.禁止标志   B.警告标志   C.询问标志   D.提示标志

E.指令标志

6.建设工程施工企业安全教育授课人员应取得的证书包括( )等。

A.安全生产考核合格证   B.相应专业毕业证书

C.注册安全工程师执业资格证   D.注册建造师执业资格证书

E.当地建设行政主管部门颁发的安全教育师资证书

7.公司级安全教育应主要包括( )。

A.国家和地方有关安全生产、环境保护方面的方针、政策及法律法规

B.建设工程施工工人安全生产方面的权利和义务

C.本企业的施工生产特点及安全生产管理规章制度、劳动纪律

D.危险源、重大危险源的辨识及安全防范措施

E.建设行业施工特点及施工安全生产的目的和重要意义

8.经常性安全教育宜采用(　　　)等形式。

A.安全生产讲座　　　　B.安全知识竞赛　　　　C.安全知识展览　　　　D.通报

E.简报

9.岗前安全隐患检查及整改应检查(　　　)的安全状态。

A.机械　　　　　　　　B.防护设施　　　　　　C.劳动防护用品　　　　D.作业人员

E.电气设备

10.建设工程施工企业应及时将建设工程施工工人的相关信息录入其个人的安全教育信息档案中,这些信息应主要包括(　　　)。

A.进场时间及三级安全教育信息　　　　　　B.企业安全教育不良行为

C.离场时间及安全生产评语　　　　　　　　D.日常安全工作中的突出表现和不良行为

E.其他安全教育信息

11.安全生产的检查方法归纳为(　　　)。

A.看　　　　　　　　　B.闻　　　　　　　　　C.量　　　　　　　　　D.测

E.动作试验

12.建筑施工现场要使工人掌握(　　　)"三不伤害"的能力,提高操作人员的安全意识。

A.不伤害自己　　　　　　　　　　　　　　B.不伤害机械

C.不伤害别人　　　　　　　　　　　　　　D.不伤害已建建筑构件

E.不被别人伤害

13.下列(　　　)是特种作业。

A.装修工　　　　　　　　　　　　　　　　B.电焊工

C.架子工　　　　　　　　　　　　　　　　D.塔式起重机司机

E.锅炉工

14.安全技术交底的主要内容包括(　　　)等。

A.本工程项目的施工作业特点和危险点　　　B.针对危险点的具体预防措施

C.应遵守的安全操作规程和标准　　　　　　D.工程开工时间

E.施工进度计划

15.建筑施工企业安全事故预防措施包括(　　　)。

A.安全防护技术措施　　　　　　　　　　　B.安全设备措施

C.安全教育措施　　　　　　　　　　　　　D.安全管理措施

E.工程质量措施

(三)判断题(请在你认为正确的题后括号内打"√",错误的题后括号内打"×")

1.建设工程施工企业应把安全生产和文明施工深入每个职工的行动中。　　　　(　　　)

2.工程监理企业代表业主对工程项目进行多方面的管理。　　　　　　　　　　(　　　)

3.事故是指意外事件,该事件是人们不希望发生的,同时该事件产生了违背人们意愿的后果。　　　　　　　　　　　　　　　　　　　　　　　　　　　　　　　　　(　　　)

4.我国规定,红、白色间隔含义是禁止通行。　　　　　　　　　　　　　　　(　　　)

5.指令标志含义是向人们提供某种信息的图形标志,采用绿色。　　　　　　　(　　　)

6. 建设工程施工新入场工人必须进行三级安全教育后方可上岗作业。 （　　）

7. 建设工程施工工人已接受本企业三级安全教育的,进入新的施工现场时可不再进行公司级安全教育。 （　　）

8. 三级安全教育考核应以技能操作考核方式为主。 （　　）

9. 班前安全教育包括项目和班组的安全动态、国家和地方的安全生产形势、近期安全生产事件及事故案例教育。 （　　）

10. 建设工程施工企业工程项目部建立的施工工人安全教育档案资料必须真实、齐全、准确且应易于检索、查询。 （　　）

11. 建筑工程施工时必须要设置专职安全员管理施工。 （　　）

12. 施工单位应在开工前,与设计人员、监理人员和项目经理、各专业施工单位负责人等举行协调会议。 （　　）

13. 对于专业性较强的项目需要单独编制专项施工方案。 （　　）

14. 安全技术交底要有针对性和可操作性,并形成书面材料,交底人和被交底人双方要履行签字手续并保存安全交底记录。 （　　）

15. 事故预防工作中要重点管理那些死亡多发的施工作业。 （　　）

模块二　建筑施工现场安全技术

　　工程建设行业是高危险性行业,施工安全也一直是我国各级政府、各个施工企业时刻关注的重点问题。要确保建设工程的施工安全就必须要有一套切实可行的、科学合理的安全保障措施。建设工程的工作环境极其复杂,其中的不安全因素也很多,具体工程项目应根据项目特点制订详细的、有针对性的安全防范措施。本模块将对建设工程领域比较共性的安全技术问题和一些特殊建设工程所采取的安全技术措施进行探讨。其主要学习任务为:掌握建筑施工安全防护基本要求;掌握脚手架的安全技术;掌握起重吊装安全技术;掌握建筑施工机械安全技术;了解特种施工安全技术。

 ## 学习目标

(一)知识目标

1.能理解建筑施工安全防护基本要求;
2.能理解脚手架、起重吊装、施工机械、特种施工的安全技术要求;
3.能记住建筑施工现场的主要安全技术要求。

(二)技能目标

1.会运用相关安全技术要求对施工现场的主要施工机具、起重吊装设备进行安全维护;
2.能指导施工现场专业技术人员进行施工现场安全防护。

(三)职业素养目标

1.具有强烈的安全防范意识和做事谨慎不马虎的工作责任心;
2.养成细心观察、尊重科学、按章行事、做事认真的工作态度。

任务一　掌握建筑施工安全防护基本要求

 任务描述与分析

在任何时刻,人的生命价值高于一切物质价值。做好建设工程施工现场的安全防护工作就是保护劳动者在生产中的安全和健康,促进经济建设健康发展,促进社会的和谐稳定,体现施工企业以人为本的管理理念。本任务的具体要求是:掌握基坑(槽)、大孔径桩等的防护要求,"三宝、四口、五临边"的防护要求;理解脚手架作业防护基本要求、工具式脚手架防护要求、物料提升机的防护要求;掌握高处作业的防护要求;理解料具存放的防护要求;掌握临时用电安全防护要求;掌握施工机械安全防护要求的基本知识;学会对施工机械、临时用电、脚手架等采取安全防护的基本技能。

 知识与技能

(一)基槽(坑、沟)、大孔径桩、扩底桩及模板工程防护基本要求

土方开挖必须制订能够保证周边建筑物、构筑物安全的措施,并经技术部门审批后方可施工,危险处、通道处及行人过路处开挖的槽(坑、沟)必须采取有效的防护措施,防止人员坠落,且夜间应设红色标志灯。雨期施工期间基坑周边应有良好的排水系统和设施。

建设单位必须在基础施工前及开挖槽(坑、沟)土方前以书面形式向施工企业提供与施工现场相关的详细地下管线资料,施工企业应据此采取措施保护地下各类管线。基础施工前,应具备完整的岩土工程勘察报告及设计文件。

开挖基槽(坑、沟)时,槽(坑、沟)边1 m以内不得堆土、堆料、停置机具。当开挖基槽(坑、沟)深度超过1.5 m时应根据土质和深度情况按规范放坡或加设可靠支撑,并应设置人员上下坡道(或爬梯,爬梯两侧应用密目网封闭);当开挖深度超过2 m时必须在边沿处设立两道防护栏杆并用密目网封闭;当基坑深度超过5 m时必须编制专项施工安全技术方案并经企业技术部门负责人审批后由企业安全部门监督实施。基础施工时的降排水(井点)工程的井口必须设牢固防护盖板或警示标志,完工后必须将井回填埋实。深井或地下管道施工及防水作业区应采取有效的通风措施并进行有毒、有害气体检测,特殊情况必须采取特殊防护措施以防止中毒事故发生。

挖大孔径桩及扩底桩必须制订防坠人、落物、坍塌、人员窒息等安全措施。挖大孔径桩时必须采用混凝土护壁,混凝土强度达到规定的强度和养护时间后方可进行下层土方开挖。挖大孔径桩时,在下孔作业前应进行有毒、有害气体检测,确认安全后方可下孔作业。孔下作业人员连续作业不得超过2 h,并应设专人监护,施工作业时应保证作业区域通风良好。大孔径桩及扩底桩施工必须严格执行相关规范的规定,人工挖大孔径桩的施工企业必须具备总承包

一级以上资质或地基与基础工程专业承包一级资质,编制人工挖大孔径桩及扩底桩施工方案必须经企业负责人、技术负责人签字批准。

模板及其支撑系统的安装、拆卸过程中必须有临时固定措施并应严防倾覆,大模板施工中操作平台、上下梯道、防护栏杆、支撑等作业系统必须配置完整、齐全、有效。模板拆除应按区域逐块进行,并应设警戒区,应严禁非操作人员进入作业区。模板工程施工前应编制施工方案(包括模板及支撑的设计、制作、安装和拆除的施工工序以及运输、存放的要求),并经技术部门负责人审批后方可实施。

(二)脚手架作业防护基本要求

脚手架支搭及所用构件必须符合现行国家规范规定。钢管脚手架应采用外径48~51 mm,壁厚3~3.5 mm且无严重锈蚀、弯曲、压扁或裂纹的钢管。木脚手架应采用小头有效直径不小于80 mm且无腐蚀、折裂、枯节的杉篙,脚手杆不得钢木混搭。施工现场严禁使用杉篙支搭承重脚手架。

脚手架的搭设:脚手架基础必须平整、坚实且有排水措施,应满足架体支搭要求并确保不沉陷、不积水,其架体必须支搭在底座(托)或通长脚手板上。结构脚手架立杆间距不得大于1.5 m,纵向水平杆(大横杆)间距不得大于1.2 m,横向水平杆(小横杆)间距不得大于1 m。装修脚手架立杆间距不得大于1.5 m,纵向水平杆(大横杆)间距不得大于1.8 m,横向水平杆(小横杆)间距不得大于1.5 m。

脚手架施工操作面必须满铺脚手板(其离墙面不得大于200 mm,且不得有空隙和探头板、飞跳板),操作面外侧应设置一道护身栏杆和一道180 mm高的挡脚板,脚手架施工层操作面下方净空距离超过3 m时必须设置一道水平安全网(双排脚手架里口与结构外墙间水平网无法防护时可铺设脚手板),架体必须用密目安全网沿外架内侧进行封闭(安全网之间必须连接牢固,封闭严密并与架体固定)。

脚手架的稳固:脚手架必须按楼层与结构拉结牢固,拉结点竖向距离不得超过4 m,水平距离不得超过6 m,拉结必须使用刚性材料,20 m以上高大架子应有卸荷措施。脚手架必须设置连续剪刀撑(十字盖),应保证整体结构不变形,其宽度不得超过7根立杆,且斜杆与水平面夹角应为45°~60°。

脚手架的许用荷载:结构用的里、外承重脚手架使用时的荷载不得超过2 646 N/m²,装修用的里、外承重脚手架使用时的荷载不得超过1 960 N/m²。特殊脚手架和高度在20 m以上的高大脚手架必须有设计方案并履行验收手续。

在建工程(含脚手架)的外侧边缘与外电架空线的边线之间应按规范保持足够的安全操作距离,特殊情况必须采取有效可靠的防护措施。护线架的支搭应采用非导电材质且其基础立杆的埋地深度宜为300~500 mm,整体护线架应有可靠的支顶拉接措施,以保证架体的稳固。人行马道宽度不应小于1 m,斜道坡度不应大于1:3;运料马道宽度不应小于1.5 m,斜道坡度不应大于1:6。拐弯处应设平台,并应按临边防护要求设置防护栏杆及挡脚板,防滑条间距不应大于300 mm。

(三)工具式脚手架作业防护基本要求

使用工具式脚手架必须经过设计并应编制施工方案,且应经技术部门负责人审批后实施。从事附着升降脚手架施工的企业必须取得"附着升降脚手架专业承包"资质。附着升降脚手架必须符合相关规范规定。附着升降脚手架(含挂架、吊篮架)的施工作业必须用脚手板铺设坚实、严密,并应设一道180 mm高的挡脚板。架体沿外排内侧应采用密目安全网进行封闭,吊篮架里侧应加设两道1.2 m高的护身栏杆,作业面外侧应设一道护身栏杆,紧贴底层脚手板下方应兜设安全网。

吊篮外侧及两侧面应采用密目安全网封挡严密,附着升降脚手架、挂架、吊篮架等在使用过程中其下方必须按高处作业标准设置首层水平安全网(吊篮应与建筑物拉牢)。吊篮升降时必须使用独立的保险绳(绳直径应不小于12.5 mm),操作人员应佩戴好安全带。悬挑梁挑出的长度必须能使吊篮的钢丝绳垂向地面,应采取有效措施保证挑梁的强度、刚度、稳定性以满足施工安全需要,钢丝绳应有防止脱离挑梁的措施,吊篮的后铆固预留钢筋环应有足够强度,且其后铆固点建筑物强度必须满足施工需要。吊篮架长度不得大于6 m。外挂架悬挂点采用穿墙螺栓的,其穿墙螺栓必须有足够的强度以满足施工需要,穿墙螺栓应加设垫板并用双螺母紧固,且悬挂点处的建筑物结构强度必须满足施工需要。钢丝绳与棱角物体的接触部位应采取相应的措施以防止对钢丝绳产生剪切作用。

电梯井承重平台、物料周转平台必须制订专项方案并应履行验收手续。物料周转平台上的脚手板应铺严绑牢,平台周围须设置不低于1.5 m高的防护围栏,围栏里侧应采用密目安全网封严,且其下口应设置180 mm高的挡脚板;护栏上严禁搭设物品,平台应在明显处设置标志牌,应按规定要求使用和限定荷载。

(四)物料提升机(井字架、龙门架)使用防护基本要求

物料提升机吊笼必须使用定型的停靠装置,并应设置超高限位装置,应使吊笼动滑轮上升最高位置与天梁最低处的距离不小于3 m,天梁应使用型钢并应经设计计算后确定。

物料提升机应设置附墙架(附墙架材质与架体材质相符),附墙架与架体及建筑物之间应采用钢性件连接且不得连接在脚手架上,附墙架设置应符合设计要求且间距应不大于9 m(在建筑物顶层必须设置附墙架)。当物料提升机受条件限制无法设置附墙架时可采用缆风绳稳固架体,缆风绳应选用钢丝绳且绳径应不小于9.3 mm(20 m以下的可设一组缆风绳,每增加10 m应加设一组,每组4根),缆风绳与地面的夹角应为45°~60°,且其下端应与地锚相连(地锚应按规定设置),必须使用花篮螺栓调节拉紧钢丝绳。

卷扬机安装必须牢固可靠,钢丝绳不得拖地使用,凡经通道处的钢丝绳均应予以遮护。卷扬机应安装在平整坚实位置上并设置防雨、防砸操作棚,操作人员应有良好的操作视线和联系方法(因条件限制影响视线的必须设置专门的信号指挥人员或安装通信装置)。提升钢丝绳不得接长使用,端头与卷筒应采用压紧装置卡牢,钢丝绳端部固定绳卡应与绳径匹配且数量不得少于4个(其间距不小于绳径的6倍,绳卡滑鞍应放在受力绳的一侧)。

井字架(龙门架)、外用电梯首层进料口一侧应搭设长度为3~6 m、宽于架体(梯笼)两侧

各 1 m、高度不低于 3 m 的防护棚。防护棚两侧必须用密目安全网进行封闭。楼层卸料平台应平整坚实,并应便于施工人员施工和行走,应设置可靠的工具式防护门,其两侧应绑两道护身栏杆并用密目安全网封闭。

井字架(龙门架)的使用应符合我国现行《龙门架及井架物料提升机安全技术规范》(JGJ 88—2010)中的相关规定,制订施工方案、操作规程及检修制度,并履行验收手续。拆除、安装物料提升机要进行安全交底,应划定防护区域并设专人监护。

(五)"三宝""四口"和临边防护基本要求

"三宝"是建筑工人安全防护的三件宝,即安全帽、安全带、安全网。"四口"防护是指在建工程的预留洞口、电梯井口、通道口、楼梯口的防护。临边防护是指在建工程的楼面临边、屋面临边、阳台临边、升降口临边、基坑临边。

企业安全部门应对安全防护用品进行严格管理。1.5 m×1.5 m 以下孔洞应采用坚实盖板盖住,并应设有防止挪动、移位的措施;1.5 m×1.5 m 以上孔洞四周应设两道防护栏杆且中间应支挂水平安全网。结构施工中的伸缩缝和后浇带处应加设固定盖板进行防护。

电梯井口必须设高度不低于 1.2 m 的金属防护门。电梯井内首层和首层以上每隔 4 层应设一道水平安全网,安全网应封闭严密。管道井和烟道必须采取有效的防护措施以防止人员、物体坠落,墙面等处的竖向洞口必须设置固定式防护门(或设置两道防护栏杆)。

结构施工中电梯井和管道井不得作为竖向运输通道和垃圾通道。楼梯踏步及休息平台处必须设置两道牢固防护栏杆(或立挂安全网),回转式楼梯间应支设首层水平安全网,并应每隔 4 层设一道水平安全网。

阳台栏板应随层安装,不能随层安装时必须在阳台临边处设置两道防护栏杆并用密目安全网封闭。建筑物楼层临边四周未砌筑、安装维护结构的必须设置两道防护栏杆并立挂安全网。建筑物出入口必须搭设宽于出入通道两侧的防护棚,棚顶应满铺不小于 5 cm 厚的脚手板,通道两侧应采用密目安全网封闭。多层建筑防护棚长度应不小于 3 m,高层应不小于 6 m,防护棚高度不低于 3 m。因施工需要临时拆除洞口、临边防护时必须设专人监护,监护人员撤离前必须将原防护设施复位。

进入施工现场的人员必须正确佩戴安全帽。安全帽必须符合《安全帽》(GB 2811—2007)的规定。凡在坠落高度基准面 2 m 以上(含 2 m)且无法采取可靠防护措施的高处作业人员必须正确使用安全带。安全带必须符合《安全带》(GB 6095—2009)的规定。施工现场使用的安全网、密目式安全网必须符合《安全网》(GB 5275—2009)的规定。

(六)高处作业防护基本要求

凡高度在 4 m 以上的建筑物不使用落地式脚手架的,其首层四周必须支设或固定 3 m 宽的水平安全网(高层建筑应支设 6 m 宽双层网),网底距接触面应不小于 3 m(高层应不小于 5 m),高层建筑还应每隔 4 层固定一道 3 m 宽的水平安全网,网接口处必须连接严密,支搭的水平安全网在无高处作业时方可拆除。在 2 m 以上高度从事支模、绑扎钢筋等施工作业时必须有防护可靠的施工作业面,并应设置安全稳固的爬梯。

物料必须堆放平稳,不得放置在临边和洞口附近,也不得妨碍作业、通行。施工对施工现场以外人或物可能造成危害的,应采取可靠的防护措施。施工交叉作业时,应制订相应的安全措施并指定专职人员进行检查与协调。

高处作业施工要遵守《建筑施工高处作业安全技术规范》(JGJ 80—2016)的规定。落地式脚手架必须使用密目安全网并沿架体内侧进行封闭(网之间应连接牢固并与架体固定,安全网应整洁美观)。

(七)料具存放安全防护基本要求

设置的模板存放区必须以1.2 m高围栏进行围挡,模板存放场地应平整夯实,模板必须码放整齐并保证70°~80°的自稳角,长期存放的大模板必须设置可靠的防倾倒措施(如用拉杆连接绑牢等),没有支撑的大模板应存放在专门设计的插放架内。

清理模板和刷隔离剂时必须将模板支撑牢固以防止倾倒,且应保证两模板间距不小于600 mm。砌块、小钢模应保证码放稳固、规范,且其高度不应超过1.5 m。存放水泥等袋装材料或砂石料等散装材料时严禁靠墙码垛、存放。砌筑1.5 m以上高度的基础挡土墙、现场围挡墙、砂石料围挡墙必须有专项措施且应确保施工时的围墙稳定。基础挡土墙一次性砌筑高度不得超过2 m且应分步进行回填。各类悬挂物以及各类架体必须采取牢固稳定措施,临时建筑物应按规定要求搭建并应保证建筑物的自身安全。

(八)临时用电安全防护基本要求

施工现场临时用电必须由电气工程技术人员负责管理并明确职责,应建立电工值班室和配电室,应确定电气维修和值班人员,现场各类配电箱和开关箱必须确定维修和维护责任人。临时用电配电线路必须按规范架设整齐,架空线路必须采用绝缘导线(不得采用塑胶软线),电缆线路必须按规定沿附着物敷设(或采用埋地方式敷设,不得沿地面敷设)。

各类施工活动应与内、外电线路保持安全距离,达不到规范规定的最小安全距离时必须采用可靠的防护和监护措施。配电系统必须实行分级配电,各级配电箱、开关箱的箱体安装和内部设置必须符合相关规定,箱内电气设备必须可靠完好且其选型、定值应符合要求,开关应标明用途且应在电箱正面门内绘有接线图。各类配电箱、开关箱外观应完整、牢固、防雨、防尘,箱体应外涂安全色标并统一编号,箱内应无杂物,停止使用的配电箱应切断电源、箱门上锁,固定式配电箱应设围栏并应有防雨、防砸措施。

独立的配电系统必须按规范采用三相五线制的接零保护系统,非独立系统可根据现场情况采取相应的接零或接地保护方式,各种电气设备和电力施工机械的金属外壳、金属支架和底座必须按规定采取可靠的接零或接地保护。在采用接零或接地保护方式的同时还必须逐级设置漏电保护装置,以实行分级保护并形成完整的保护系统,漏电保护装置的选择应符合相关规定。

现场金属架构物(如照明灯架、竖向提升装置、超高脚手架等)和各种高大设施必须按规定装设避雷装置。应根据国家标准的有关规定采用Ⅱ类、Ⅲ类绝缘型的手持电动工具,其绝缘状态、电源线、插头和插座应完好无损,电源线不得任意接长或调换,维修和检查应由专业人员负责。一般场所采用的 220 V 电源照明必须按规定布线和装设灯具,且应在电源一侧加装漏电保护器(特殊场所必须按国家规范规定使用安全电压照明器)。

施工现场的办公区和生活区应根据用途按规定安装照明灯具和用电器具,食堂的照明和炊事机具必须安装漏电保护器,现场凡有人员经过和施工活动的场所必须提供足够的照明。使用行灯和低压照明灯具时其电源电压应不超过 36 V,行灯灯体与手柄应坚固、绝缘良好,电源线应使用橡套电缆线(不得使用塑胶线),行灯和低压照明灯具的变压器应装设在电箱内且应符合户外电气设备安装要求。现场使用移动式碘钨灯照明必须采用密闭式防雨灯具,碘钨灯的金属灯具和金属支架应有良好的接零保护,金属架杆手持部位应采取绝缘措施,电源线应使用护套电缆线,电源侧应装设漏电保护器。使用电焊机应单独设开关,电焊机外壳应做接零或接地保护,其一次线长度应小于 5 m,二次线长度应小于 30 m。电焊机两侧接线应压接牢固并安装可靠防护罩,应双线到位(不得借用金属管道、金属脚手架、轨道及结构钢筋作为回路地线),应使用专用橡套多股软铜电缆线且线路应绝缘良好并应无破损、裸露,电焊机装设应采取防埋、防浸、防雨、防砸措施,交流电焊机应装设专用防触电保护装置。

施工现场临时用电设施和器材必须使用正规厂家的合格产品(严禁使用假冒伪劣等不合格产品),安全电气产品必须获得国家专业检测机构的认证。检修各类配电箱、开关箱、电气设备和电力施工机具时必须切断电源,应拆除电气连接并悬挂警示标牌,试车和调试时应确定操作程序并设专人监护。

施工现场临时用电必须遵守《施工现场临时用电安全技术规范》(JGJ 46)的规定,应编制临时用电施工组织设计,应建立相关的管理文件和档案资料。总包单位与分包单位必须订立临时用电管理协议并应明确各方的相关责任,分包单位必须遵守现场管理文件的约定,总包单位必须按规定落实对分包单位的用电设施和日常施工的监督管理。

(九)施工机械安全防护基本要求

施工现场使用的机械设备(包括自有设备和租赁设备)必须实行安装、使用全过程管理。施工现场应为机械作业提供道路、水电、临时机棚或停机场地等必需的条件并确保使用安全。机械设备操作应保证专机专人、持证上岗,严格落实岗位责任制并严格执行"清洁、润滑、紧固、调整、防腐"的"十字作业法"。施工现场的起重吊装必须由专业队伍进行,其信号指挥人员必须持证上岗,起重吊装作业前应根据施工组织设计要求划定施工作业区域,并应设置醒目的警示标志和专职的监护人员,起重回转半径与高压电线必须保持足够的安全距离。

现场构件应有覆盖、合理存放,应在施工组织设计中明确吊装方法,起重机械司机及信号人员应熟知和遵守设备性能及施工组织设计中吊装方法的全部内容,多机抬吊时单机负荷不得超过该机额定起重量的 80%。对因场地环境导致塔式起重机易装难拆的现场,其安装、拆除方案必须同步制订。塔式起重机路基和轨道的铺设及起重机的安装必须符合国家标准及原厂使用规定,并应办理验收手续且应经检查合格后方可使用,使用中应定期进行检测。塔式起重机的安全装置(即"四限位、两保险"等)必须齐全、灵敏、可靠。群塔作业方案中应保证处于低位的塔式起重机臂架端部与相邻塔式起重机塔身之间至少保持 2 m 的距离,应配备固定的信号指挥和相对固定的挂钩人员。塔式起重机吊装作业时必须严格遵守施工组织设计和安全技术交底中的要求,其吊物严禁超出施工现场的范围,六级以上强风必须停止吊装作业。外用电梯的基础做法、安装和使用必须符合规定,其安装和拆除必须由具有相应资质的企业进行,应认真执行安全技术交底及安装工艺要求,遇特殊情况(如附墙距离需作调整等)时应由机务、技术部门制订方案并经总工程师审批后实施。

外用电梯的制动装置、上下极限限位、门连锁装置必须齐全、灵敏、有效,其限速器应符合规范要求,其安装完成后应进行吊笼的防坠落试验。外用电梯司机必须持证上岗并应熟悉设备的结构、原理、操作规程等,应坚持岗前例行保养制度,设备接通电源后司机不得离开操作岗位,监督运载物料时应做到均衡分布以防止倾翻和外漏坠落。施工现场塔式起重机以及外用电梯、电动吊篮等机械设备必须有相关部门颁发的统一编号,安装单位必须具备相应的资质,作业人员必须持有特种作业操作证,同一台设备的安装和顶升、锚固必须由同一单位完成,其安装完毕后应填写验收表(各种数据必须量化,验收合格后方可使用)。

施工机械设备安全防护装置必须保证齐全、灵敏、可靠。施工现场的木料、钢筋、混凝土、卷扬机械、空气压缩机必须搭设防砸、防雨的操作棚。各种机械设备要有安装验收手续,应在明显部位悬挂安全操作规程及设备负责人的标牌;应认真执行机械设备的交接班制度并作好交接班记录。施工现场机械严禁超载和带病运行,运行中严禁维护保养,操作人员离机或作业中停电时必须切断电源。蛙式打夯机必须使用单向开关且其操作扶手应采取绝缘措施;蛙式打夯机必须由两人操作,操作人员必须戴绝缘手套和穿绝缘鞋,严禁在打夯机运转时清除积土;打夯机用毕应切断电源、遮盖防雨布并将机座垫高停放。

固定卷扬机机身必须设牢固地锚且其传动部分必须安装防护罩,其导向滑轮不得采用开口拉板式滑轮。操作人员离开卷扬机或作业中停电时应切断电源并将吊笼降至地面。搅拌机使用前必须支撑牢固(不得用轮胎代替支撑),移动时应先切断电源,其起动装置、离合器、制动器、保险链、防护罩应齐全完好且应使用安全、可靠,搅拌机停止使用时应将料斗升起(必须挂好上料斗的保险链),料斗的钢丝绳达到报废标准时必须及时更换,搅拌机维修、保养、清理时必须切断电源并设专人监护。

圆锯的锯盘及传动部位应安装防护罩并设置保险挡、分料器,长度小于 500 mm、厚度大于锯盘半径的木料严禁使用圆锯,破料具与横截锯不得混用。砂轮机应使用单向开关,砂轮必须装设不小于 180° 的防护罩和牢固可调整的工作托架,严禁使用不圆、有裂纹和磨损剩余部分不足 25 mm 的砂轮。平面刨、手压刨安全防护装置必须齐全有效。吊索具必须使用合格产品。钢丝绳应根据用途保证足够的安全系数,表面磨损、腐蚀、断丝超过标准的(或打死弯、断股、油芯外露的)不得使用。吊钩除正确使用外还应有防止脱钩的保险装置。卡环使用时保证销轴和环底受力,吊运大模板、大灰斗、混凝土斗和预制墙板等大件时必须使用卡环。进入施工现场的车辆必须有专人指挥;应严格执行"十不吊"原则。

 拓展与提高

(一)工程安全资料管理基本要求

工程安全资料应包括:总包及分包的安全管理协议书,项目部安全生产管理体系及责任制,基础、结构、装修阶段的各种安全措施及安全交底,模板工程施工组织设计及审批,高大、异型脚手架设计方案、审批及验收,各类脚手架的验收手续,施工单位保护地下管线的措施,各类安全防护设施的验收记录,防护用品合格证及检测资料,临时用电施工组织设计、变更资料及审批手续,电气安全技术交底,临时用电验收记录,电气设备测试、调试记录,接地电阻摇测记录,电工值班、维修记录,临时用电器材产品认证、出厂合格证,机械设备布置平面图,机械租赁合同(包括资质证明复印件)及安全管理协议书,机械安装(拆卸)合同(包括资质证明复印件),总包单位与机械出租单位共同对塔机操作人员和吊装人员的安全技术交底,塔式起重机安装(包括路基轨道铺装)、顶升、锚固等交底和验收记录表,外用电梯安装、验收记录表(包括基础交底验收),电动吊篮安装、验收记录表,起重吊装工程的方案、合同,施工人员安全教育记录,特种作业人员名册及岗位证书,机械操作人员、起重吊装人员名册及操作证书,各类安全检查记录(月检、日检)、隐患通知、整改措施,以及违章登记、罚款记录等。

(二)工程安全管理基本要求

工程安全管理必须坚持"安全第一、预防为主、综合治理"的方针,应建立健全安全生产责任制度和群防群治制度。对施工人员必须进行安全生产教育,进入现场人员必须使用符合国家、行业标准的劳动保护用品。从事电气焊、剔凿、磨削等作业人员应使用面罩和护目镜。特种作业人员必须持证上岗并应配备相应的安全防护用品。

 思考与练习

(一)单项选择题(下列各题中,只有一个最符合题意,请将其编号填写在括号内)

1.开挖基槽、坑、沟深度超过(　　)m时,应根据土质和深度情况按规范放坡或加设可靠支撑。

A.1.5　　　　　　B.2　　　　　　C.3　　　　　　D.5

2.脚手架操作面外侧应设置一道护身栏杆和一道(　　)mm高的挡脚板。

A.120　　　　　　B.150　　　　　C.180　　　　　D.240

3.从事附着升降脚手架施工的企业必须取得(　　)资质。

A.总承包　　　　　　　　　　B.分包
C.附着升降脚手架专业承包　　　D.专业承包

4.物料提升机的附墙架设置应符合设计要求且间距应不大于(　　)m。

A.9　　　　　　B.10　　　　　C.12　　　　　D.15

5.凡在坠落高度基准面(　　)m及以上且无法采取可靠防护措施的高处作业人员必须正确使用安全带。

A.1　　　　　　B.2　　　　　C.3　　　　　D.5

6.高层建筑除首层外,还应每隔( )层固定一道3 m宽的水平安全网。

A.1　　　　　　　B.2　　　　　　　C.3　　　　　　　D.4

7.施工现场临时用电工程必须由( )负责管理。

A.安全技术人员　　　　　　　　　　B.项目经理

C.电气工程技术人员　　　　　　　　D.施工技术人员

(二)多项选择题(下列各题中,至少有两个答案符合题意,请将其编号填写在括号内)

1.模板工程施工前应编制施工方案,其包括( )。

A.模板及支撑的设计　　　　　　　　B.模板及支撑的制作、安装和拆除的施工工序

C.模板及支撑的运输、存放的要求　　D.模板的维修要求

E.操作人员的培训

2."四口"防护是指在建工程的( )的防护。

A.预留洞口　　　B.电梯井口　　　C.安全出口　　　D.楼梯口　　　E.通道口

3.机械设备操作应保证专机专人、持证上岗,严格落实岗位责任制并严格执行( )的"十字作业法"。

A.清洁　　　　　B.润滑　　　　　C.防腐　　　　　D.调整　　　　　E.紧固

(三)判断题(请在你认为正确的题后括号内打"√",错误的题后括号内打"×")

1.模板工程施工前应编制施工方案,并经技术部门负责人审批后方可实施。　　　　( )

2.施工现场严禁使用杉篙支搭承重脚手架。　　　　　　　　　　　　　　　　　( )

3.存放水泥等袋装材料或砂石料等散装材料时应靠墙码垛、存放。　　　　　　　( )

4.卷扬机安装必须牢固可靠,钢丝绳不得拖地使用,凡经通道处的钢丝绳均应予以遮护。

( )

5.使用工具式脚手架必须经过设计并应编制施工方案,且应经监理工程师审批后实施。

( )

6.施工现场严禁使用不圆、有裂纹和磨损剩余部分不足25 mm的砂轮。　　　　( )

任务二　掌握脚手架安全技术

任务描述与分析

　　脚手架作为建设施工用的临时设施,贯穿于施工全过程,其搭设的质量直接影响操作人员的人身安全、建筑施工进度及工程质量。长期以来,由于架设工具本身及其构造技术和使用安全管理工作处于较为落后的状态,致使事故的发生率较高。有关统计资料表明:在中国建筑施工系统每年所发生的伤亡事故中,有1/3左右直接或间接地与架设工具及其使用的问题有关。本任务的具体要求是:掌握承插型盘扣式钢管脚手架、碗口式脚手架、工具式脚手架的安全技术,提高施工现场脚手架安全技术检查、验收和管理的基本技能。

知识与技能

（一）承插型盘扣式钢管脚手架的安全技术

1.模板支架

（1）当搭设高度不超过8 m的满堂模板支架时，支架架体四周外立面向内的第一跨每层均应设置竖向斜杆，架体整体底层以及顶层均应设置竖向斜杆，并应在架体内部区域每隔5跨由底至顶纵、横向均设置竖向斜杆或采用扣件钢管搭设的大剪刀撑。当满堂模板支架的架体高度不超过4节段立杆时，可不设置顶层水平斜杆；当架体高度超过4节段立杆时，应设置顶层水平斜杆或扣件钢管水平剪刀撑，如图2-1所示。

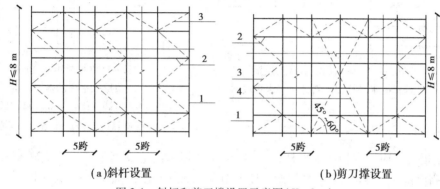

图2-1　斜杆和剪刀撑设置示意图（$H \leqslant 8$ m）

1—立杆；2—水平杆；3—斜杆；4—扣件钢管剪刀撑

（2）当搭设高度超过8 m的满堂模板支架时，竖向斜杆应满布设置，水平杆的步距不得大于1.5 m，沿高度每隔4~6个节段立杆应设置水平层斜杆或扣件钢管大剪刀撑，并应与周边结构形成可靠拉结，如图2-2所示。对长条状的独立高支模架，架体总高度与架体的宽度之比H/B不应大于3。

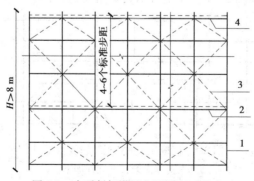

图2-2　水平斜杆设置立面图（$H>8$ m）

1—立杆；2—水平杆；3—斜杆；4—水平层斜杆或扣件钢管剪刀撑

（3）当模板支架搭设成独立方塔架时，每个侧面每步距均应设竖向斜杆。当有防扭转要求时，可在顶层及每隔3~4步增设水平层斜杆或钢管水平剪刀撑，如图2-3所示。

（4）模板支架立杆可调托座伸出顶层水平杆的悬臂长度严禁超过 650 mm，可调托座插入立杆长度不得小于 150 mm，架体最顶层的水平杆步距应比标准步距缩小一个盘扣间距，如图 2-4 所示。

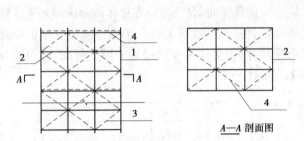

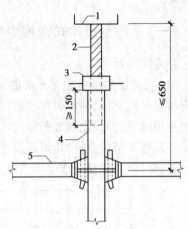

图 2-3 无侧向拉结塔状支模架
1—立杆；2—水平杆；3—斜杆；4—水平层斜杆

图 2-4 立杆带可调托座伸出
顶层水平杆的悬臂长度
1—可调托座；2—立杆悬臂端；
3—螺母；4—立杆套杆；5—顶层水平杆

（5）模板支架应设置扫地水平杆，可调底座调节螺母离地高度不得大于 300 mm，扫地水平杆离地高度应小于 550 mm。当可调底座调节螺母离地高度不大于 200 mm 时，第一层步距可按照标准步距设置，且应设置竖向斜杆，并可间隔抽除第一层水平杆形成施工人员进入通道，与通道正交的两侧立杆间应设置竖向斜杆。

（6）当模板支架体内设置人行通道时，应在通道上部架设支撑横梁，横梁截面大小应按跨度以及承受的荷载确定。通道两侧支撑梁的立杆间距应根据计算结果设置，通道周围的模板支架应连成整体。洞口顶部应铺设封闭的防护板，两侧应设置安全网。其设置示意图如图 2-5 所示。通行机动车的洞口，必须设置安全警示和防撞设施。

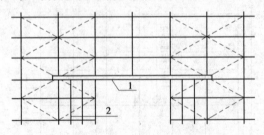

图 2-5 模板支架人行通道设置示意图
1—支撑横梁；2—立杆加密

2.双排外脚手架

（1）用承插型盘扣式钢管支架搭设双排脚手架时，可根据使用要求选择架体几何尺寸，相邻水平杆步距宜选用 2 m，立杆纵距宜选用 1.5 m 或 1.8 m，且不宜大于 3 m，立杆横距宜选用

0.9 m 或 1.2 m。

（2）脚手架首层立杆应采用不同的长度立杆交错布置，错开立杆竖向距离不应小于500 mm，当需要设置人行通道时，应符合规定，立杆底部应配置可调底座。

（3）双排脚手架的斜杆或剪刀撑设置应符合下列要求：

沿架体外侧纵向每5跨每层应设置一根竖向斜杆或每5跨间应设置扣件钢管剪刀撑，端跨的横向每层应设置竖向斜杆。斜杆和剪刀撑设置示意图如图2-6所示。

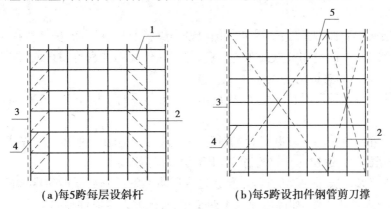

（a）每5跨每层设斜杆　　　　　　（b）每5跨设扣件钢管剪刀撑

图2-6　斜杆和剪刀撑设置示意图
1—斜杆；2—立杆；3—两端竖向斜杆；4—水平杆；5—扣件钢管剪刀撑

（4）承插型盘扣式钢管支架由塔式单元扩大组合而成，在拐角为直角部位应设置立杆间的竖向斜杆。当作为外脚手架使用时，通道内可不设置斜杆。

（5）当设置双排脚手架人行通道时，应在通道上部架设支撑横梁，横梁截面大小应按跨度以及承受的荷载计算确定，通道两侧脚手架应加设斜杆；洞口顶部应铺设封闭的防护板，两侧应设置安全网；通行机动车的洞口，必须设置安全警示和防撞设施。

（6）对双排脚手架的每步水平杆层，当无挂扣钢脚手架板加强水平层刚度时，应每5跨设置水平斜杆，如图2-7所示。

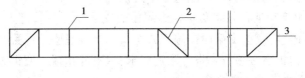

图2-7　双排脚手架水平斜杆设置
1—立杆；2—水平斜杆；3—水平杆

（7）连墙件必须采用可承受拉压荷载的刚性杆件，连墙件与脚手架立面及墙体应保持垂直，同一层连墙件应在同一平面，水平间距不应大于3跨；连墙件应设置在有水平杆的盘扣节点旁，连接点至盘扣节点距离不得大于300 mm；采用钢管扣件作连墙杆时，连墙杆应采用直角扣件与立杆连接；当脚手架下部暂不能搭设连墙件时应用扣件钢管搭设抛撑。抛撑杆应与脚手架通长杆件可靠连接，与地面的倾角为45°～60°，抛撑应在连墙件搭设后方可拆除。

（8）钢脚手板的挂钩必须完全扣在水平杆上，挂钩必须处于锁住状态，作业层脚手板应满铺；作业层的脚手板架体外侧应设挡脚板和防护栏，护栏高度宜为1 000 mm，均匀设置两道，并应在脚手架外侧立面满挂密目安全网。

(9)挂扣式钢梯宜设置在尺寸不小于0.9 m×1.8 m的脚手架框架内,钢梯宽度应为廊道宽度的1/2,钢梯可在一个框架高度内折线上升;钢架拐弯处应设置钢脚手板及扶手。

3.搭设与拆除

(1)搭设操作人员必须经过专业技术培训及专业考试合格,持证上岗。模板支架及脚手架搭设前,工程技术负责人应按专项施工方案的要求,对搭设作业人员进行技术和安全作业交底。

(2)作业层必须满铺脚手板;脚手架外侧应设挡脚板及护身栏杆;护身栏杆可用水平杆在立杆的0.5 m和1.0 m的盘扣节点处布置两道,并应在外侧满挂密目安全网;作业层与主体结构间的空隙应设置内侧防护网。

(3)当架体搭设至顶层时,外侧立杆应高出顶层架体平台不应小于1 000 mm,用作顶层的防护立杆。

(4)架体拆除时应按施工方案设计的拆除顺序进行。拆除作业必须按先搭后拆、后搭先拆的原则,从顶层开始,逐层向下进行,严禁上下层同时拆除。

(5)连墙件必须随脚手架逐层拆除,严禁先将连墙件整层或数层拆除后再拆脚手架,分段拆除高度差不应大于两步距,如高度差大于两步距,必须增设连墙件加固。

(6)拆除的脚手架构件应安全地传递至地面,严禁抛掷。

4.检查与验收

(1)对进入现场的钢管支架构配件的检查与验收应符合下列规定:应有钢管支架产品标志及产品质量合格证;应有钢管支架产品主要技术参数及产品使用说明书;进入现场的构配件应对管径、构件壁厚等抽样核查,还应进行外观检查,外观质量应符合规定;如有必要可对支架杆件进行质量抽检和试验。

(2)模板支架应按以下阶段分步进行检查和验收:基础完工后及模板支架搭设前;超过8 m的高支模架搭设至一半高度后;达到设计高度后应进行全面的检查和验收;遇6级以上大风、大雨、大雪后特殊情况的检查;停工超过一个月恢复使用前。

(3)模板支架应由工程项目技术负责人组织模板支架设计及管理人员进行检查。对模板支架应重点检查以下内容:模板支架应按施工方案及基本构造要求设置斜杆;可调托座及可调底座伸出水平杆的悬臂长度必须符合设计限定要求;水平杆扣接头应销紧;立杆基础应符合要求,立杆与基础间应无松动或悬空现象。

(5)对脚手架的检查与验收应重点放在以下内容:连墙件应设置完善;立杆基础不应有不均匀沉降,立杆可调底座与基础面的接触不应有松动或悬空现象;斜杆和剪刀撑设置应符合要求;外侧安全立网和内侧层间水平网应符合专项施工方案的要求;周转使用的支架构配件使用前复检合格记录;搭设的施工记录和质量检查记录应及时、齐全。

5.安全管理与维护

(1)高大模板支架及脚手架的搭设及拆除人员,应参加建筑行业主管部门组织的建筑施工特种作业培训,且考核合格,取得上岗资格证。

(2)支架搭设作业人员必须正确戴安全帽、系安全带、穿防滑鞋。

(3)应控制模板支架混凝土浇筑作业层上的施工荷载,集中堆载不应超过设计值。

（4）混凝土浇筑过程中，应派专人观测模板支架的工作状态，发生异常时观测人员应及时报告施工负责人，情况紧急时应迅速撤离施工人员，并应进行相应加固处理。

（5）模板支架及脚手架使用期间，严禁擅自拆除架体结构杆件，如需拆除必须报请工程项目技术负责人以及总监理工程师同意，确定防控措施后方可实施。

（6）严禁在模板支架及脚手架基础及邻近处进行挖掘作业。

（7）模板支架及脚手架应与架空输电线路保持安全距离，工地临时用电线路架设及脚手架接地防雷击措施等应按现行行业标准《施工现场临时用电安全技术规程》（JGJ 46）的有关规定执行。

（二）碗口式脚手架的安全技术

1.双排外脚手架

（1）双排脚手架应根据使用条件及荷载要求选择结构设计尺寸，横杆步距宜选用 1.8 m，廊道宽度（横距）宜选用 1.2 m，立杆纵向间距可选择不同规格的系列尺寸。

（2）曲线布置的双排外脚手架组架时，应按曲率要求使用不同长度的内外横杆组架，曲率半径应大于 2.4 m。

（3）双排外脚手架拐角为直角时，宜采用横杆直接组架（见图 2-8）；拐角为非直角时，可采用钢管扣件组架（见图 2-9）。

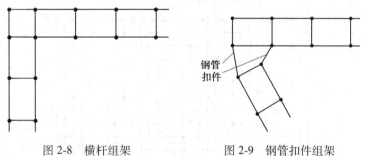

图 2-8　横杆组架　　　　图 2-9　钢管扣件组架

（4）脚手架首层立杆应采用不同的长度交错布置，底部横杆（扫地杆）严禁拆除，立杆应配置可调底座，如图 2-10 所示。

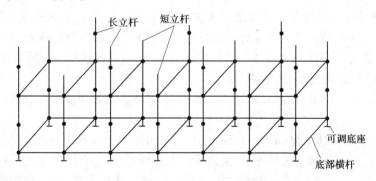

图 2-10　首层立杆布置

（5）脚手架专用斜杆设置应符合下列规定：斜杆应设置在有纵向及廊道横杆的碗扣节点

上;脚手架拐角处及端部必须设置竖向通高斜杆(见图2-11);脚手架高度≤20 m时,每隔5跨设置一组竖向通高斜杆;脚手架高度大于20 m时,每隔3跨设置一组竖向通高斜杆;斜杆必须对称设置(见图2-11);斜杆临时拆除时,应调整斜杆位置,并严格控制同时拆除的根数。

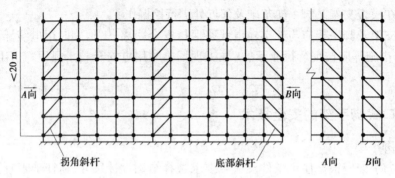

图2-11 专用斜杆设置

(6)当采用钢管扣件作斜杆时应符合下列规定:斜杆应每步与立杆扣接,扣接点距碗扣节点的距离宜≤150 mm;当出现不能与立杆扣接的情况时亦可采取与横杆扣接,扣接点应牢固;斜杆宜设置成八字形,斜杆水平倾角宜为45°~60°,纵向斜杆间距可间隔1~2跨(见图2-12);脚手架高度超过20 m时,斜杆应在内外排对称设置。

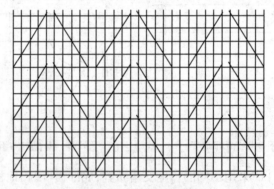

图2-12 钢管扣件斜杆设置

(7)连墙杆的设置应符合下列规定:连墙杆与脚手架立面及墙体应保持垂直,每层连墙杆应在同一平面,水平间距应不大于4跨;连墙杆应设置在有廊道横杆的碗扣节点处,采用钢管扣件作连墙杆时,连墙杆应采用直角扣件与立杆连接,连接点距碗扣节点距离应≤150 mm;连墙杆必须采用可承受拉、压荷载的刚性结构。

(8)当连墙件竖向间距大于4 m时,连墙件内外立杆之间必须设置廊道斜杆或十字撑(见图2-13)。

(9)当脚手架高度超过20 m时,上部20 m以下的连墙杆水平处必须设置水平斜杆。

(10)脚手板设置应符合下列规定:钢脚手板的挂钩必须完全落在廊道横杆上,并带有自锁装置,严禁浮放;平放在横杆上的脚手板,必须与脚手架连接牢靠,可适当加设间横杆,脚手板探头长度应小于150 mm;作业层的脚手板框架外侧应设挡脚板及防护栏,护栏应采用两道横杆。

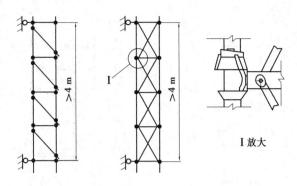

图 2-13　廊道斜杆及十字撑设置示意图

（11）人行坡道坡度可为 1 : 3，并在坡道脚手板下增设横杆，坡道可折线上升（见图 2-14）。

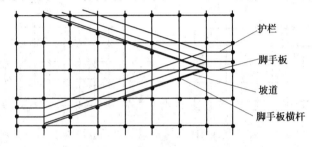

图 2-14　人力坡道设置图

（12）人行梯架应设置在尺寸为 1.8 m×1.8 m 的脚手架框架内，梯子宽度为廊道宽度的 1/2，梯架可在一个框架高度内折线上升。梯架拐弯处应设置脚手板及扶手（见图 2-15）。

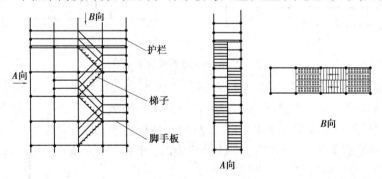

图 2-15　人行梯架设置示意图

（13）脚手架上的扩展作业平台挑梁宜设置在靠建筑物一侧，按脚手架离建筑物间距及荷载选用窄挑梁或宽挑梁。宽挑梁可铺设两块脚手板，宽挑梁上的立杆应通过横杆与脚手架连接（见图 2-16）。

2.模板支撑架

（1）模板支撑架应根据施工荷载组配横杆及选择步距，根据支撑高度选择组配立杆、可调托撑及可调底座。

（2）模板支撑架高度超过 4 m 时，应在四周拐角处设置专用斜杆或四面设置八字斜杆，并在每排每列设置一组通高十字撑或专用斜杆（见图 2-17）。

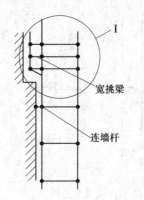

图 2-16　扩展作业平台示意图

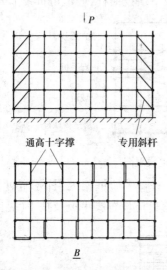

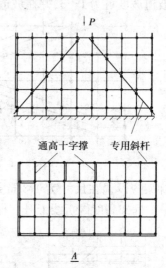

图 2-17　模板支撑架斜杆设置示意图

（3）模板支撑架高宽比不得超过 3，否则应扩大下部架体尺寸（见图 2-18），或者按有关规定验算，采取设置缆风绳等加固措施。

（4）房屋建筑模板支撑架可采用立杆支撑楼板、横杆支撑梁的梁板合支方法。当梁的荷载超过横杆的设计承载力时，可采取独立支撑的方法，并与楼板支撑连成一体（见图 2-19）。

（5）人行通道应符合下列规定：双排脚手架人行通道设置时，应在通道上部架设专用梁，通道两侧脚手架应加设斜杆（见图 2-20）。模板支撑架人行通道设置时，应在通道上部架设专用横梁，横梁结构应经过设计计算确定。通道两侧支撑横梁的立杆根据计算应加密，通道周围脚手架应组成一体，通道宽度应≤4.8 m（见图 2-21）。

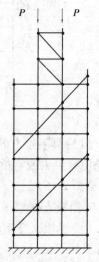

图 2-18　扩大下部架
体示意图

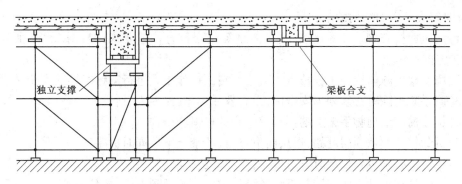

图 2-19 房屋建筑模板支撑架

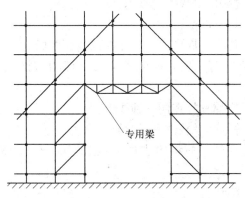

图 2-20 双排外脚手架人行通道设施

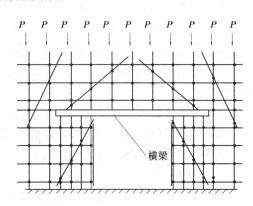

图 2-21 模板支撑架人行洞口设置

3.搭设与拆除

(1)底座和垫板应准确地放置在定位线上;垫板宜采用长度不少于 2 跨、厚度不小于 50 mm 的木垫板;底座的轴心线应与地面垂直。

(2)脚手架搭设应按立杆、横杆、斜杆、连墙件的顺序逐层搭设,每次上升高度不大于 3 m。底层水平框架的纵向直线度应≤$L/200$;横杆间水平度应≤$L/400$。

(3)脚手架的搭设应分阶段进行,第一阶段的搂底高度一般为 6 m,搭设后必须经检查验收后方可正式投入使用。

(4)脚手架的搭设应与建筑物的施工同步上升,每次搭设高度必须高于即将施工楼层 1.5 m。

(5)脚手架全高的垂直度应小于 $L/500$;最大允许偏差应小于 100 mm。

(6)脚手架内外侧加挑梁时,挑梁范围内只允许承受人行荷载,严禁堆放物料。

(7)连墙件必须随架子高度上升及时在规定位置处设置,严禁任意拆除。

(8)作业层设置应符合下列要求:必须满铺脚手板,外侧应设挡脚板及护身栏杆;护身栏杆可用横杆在立杆的 0.6 m 和 1.2 m 的碗扣接头处搭设两道;作业层下的水平安全网应按《建筑施工扣件式钢管脚手架安全技术规范》(JGJ 130—2011)规定设置。

(9)采用钢管扣件作加固件、连墙件、斜撑时应符合《建筑施工扣件式钢管脚手架安全技术规范》(JGJ 130—2011)的有关规定。

(10)脚手架搭设到顶时,应组织技术、安全、施工人员对整个架体结构进行全面的检查和验收,及时解决存在的结构缺陷。

(11)应全面检查脚手架的连接、支撑体系等是否符合构造要求,经按技术管理程序批准后方可实施拆除作业。

(12)脚手架拆除前现场工程技术人员应对在岗操作工人进行有针对性的安全技术交底。

(13)脚手架拆除时必须划出安全区,设置警戒标志,派专人看管。

(14)拆除前应清理脚手架上的器具及多余的材料和杂物。

(15)拆除作业应从顶层开始,逐层向下进行,严禁上下层同时拆除。

(16)连墙件必须拆到该层时方可拆除,严禁提前拆除。

(17)拆除的构配件应成捆用起重设备吊运或人工传递到地面,严禁抛掷。

(18)脚手架采取分段、分立面拆除时,必须事先确定分界处的技术处理方案。

(19)拆除的构配件应分类堆放,以便于运输、维护和保管。

(20)模板支撑架搭设应与模板施工相配合,利用可调底座或可调托撑调整底模标高。

(21)按施工方案弹线定位,放置可调底座后分别按先立杆后横杆再斜杆的搭设顺序进行。

(22)建筑楼板多层连续施工时,应保证上下层支撑立杆在同一轴线上。

(23)搭设在楼板、挑台上时,应对楼板或挑台等结构承载力进行验算。

(24)模板支撑架拆除应符合《混凝土结构工程施工质量验收规范》(GB 50204—2002,2010年版)中混凝土强度的有关规定。

(25)架体拆除时应按施工方案设计的拆除顺序进行。

4.检查与验收

(1)进入现场的碗扣架构配件应具备以下证明材料:主要构配件应有产品标志及产品质量合格证;供应商应配套提供管材、零件、铸件、冲压件等材质、产品性能检验报告。

(2)构配件进场质量检查的重点:钢管管壁厚度,焊接质量,外观质量,可调底座和可调托撑丝杆直径、与螺母配合间隙及材质。

(3)脚手架搭设质量应分阶段进行检验:首段以高度为6 m进行第一阶段(摺底阶段)的检查与验收;架体应随施工进度定期进行检查;达到设计高度后进行全面的检查与验收;遇6级以上大风、大雨、大雪后特殊情况的检查;停工超过一个月恢复使用前应进行检查。

(4)对整体脚手架应重点检查以下内容:保证架体几何不变性的斜杆、连墙件、十字撑等设置是否完善;基础是否有不均匀沉降,立杆底座与基础面的接触有无松动或悬空情况;立杆上碗扣是否可靠锁紧;立杆连接销是否安装、斜杆扣接点是否符合要求、扣件拧紧程度如何。

(5)搭设高度在20 m以下(含20 m)的脚手架,应由项目负责人组织技术、安全及监理人员进行验收;对于高度超过20 m的脚手架和超高、超重、大跨度的模板支撑架,应由其上级安全生产主管部门负责人组织架体设计及监理等人员进行检查验收。

(6)脚手架验收时,应具备下列技术文件:施工组织设计及变更文件、高度超过20 m的脚手架的专项施工设计方案、周转使用的脚手架构配件使用前的复验合格记录、搭设的施工记录和质量检查记录。

(7)高度大于8 m的模板支撑架的检查与验收要求与脚手架相同。

5.安全管理与维护

(1)作业层上的施工荷载应符合设计要求,不得超载,不得在脚手架上集中堆放模板、钢筋等物料。

(2)混凝土输送管、布料杆及塔架拉结缆风绳不得固定在脚手架上。

(3)大模板不得直接堆放在脚手架上。

(4)遇6级及以上大风、雨雪、大雾天气时应停止脚手架的搭设与拆除作业。

(5)脚手架使用期间,严禁擅自拆除架体结构杆件,如需拆除必须报请技术主管同意,确定补救措施后方可拆除。

(6)严禁在脚手架基础及邻近处进行挖掘作业。

(7)脚手架应与架空输电线路保持安全距离,工地临时用电线路架设及脚手架接地防雷措施等应按现行行业标准《施工现场临时用电安全技术规范》(JGJ 46)的有关规定执行。

(8)使用后的脚手架构配件应清除表面黏结的灰渣,校正杆件变形,表面作防锈处理后待用。

(三)工具式脚手架的安全技术

1.附着式升降机脚手架的安全要求

(1)附着式升降脚手架的安全防护措施应满足以下要求:架体外侧必须用密目安全网(≥2 000 目/100 cm²)围挡;密目安全网必须可靠固定在架体上;架体底层的脚手架除应铺设严密外还应具有可折起的翻板构造;作业层外侧应设置防护栏杆和180 mm 高的挡脚板。作业层应设置固定牢靠的脚手板,其与结构之间的间距应满足《建筑施工扣件式钢管脚手架安全技术规范》(JGJ 130—2011)的相关规定。

(2)附着式升降脚手架必须具有防倾覆、防坠落和同步升降控制的安全装置方可使用。防倾覆装置应符合下列规定:防倾覆装置中必须包括导轨和两个以上与导轨连接的可滑动的导向件;防倾覆导轨的长度不应小于竖向主框架,且必须与竖向主框架可靠连接;在升降和使用两种工况下,最上和最下两个导向件的最小间距不得小于2.8 m 或架体高度的1/4;应具有防止竖向主框架前、后、左、右倾斜的功能;应用螺栓与附墙支座连接,其装置与导轨之间的间隙应小于5 mm。

(3)附着式升降脚手架的防坠落装置必须符合以下规定:防坠落装置应设置在竖向主框架处并附着在建筑结构上,每个升降设备处不得少于一个,在使用和升降工况下都能起作用;必须是机械式的全自动装置,严禁使用每次升降都需要重组的手动装置;技术性能除应满足承载能力要求外,还应符合表2-1 的规定;应具有防尘防污染的措施,并应灵敏可靠和运转自如;防坠落装置与升降设备必须分别独立固定在建筑结构上;钢吊杆式防坠落装置,钢吊杆规格应由计算确定,且不应小于 $\phi25$ mm。

表 2-1 防坠落装置技术性能

脚手架类别	制动时间/s	制动距离/mm
整体式升降脚手架	≤0.2	≤80
单片式升降脚手架	≤0.5	≤150

（4）附着式升降脚手架在首层安装前应设置安装平台，安装平台应有保障施工人员安全的防护设施，安装平台的水平精度和承载能力应满足架体安装的要求。安装时应符合以下规定：相邻竖向主框架的高差应不大于20 mm；竖向主框架和防倾导向装置的垂直偏差应不大于5‰和60 mm；预留穿墙螺栓孔和预埋件应垂直于建筑结构外表面，其中心误差应小于15 mm。建筑结构混凝土强度应计算确定，但最小需达到C10；升降机构连接正确且牢固可靠；安全控制系统的设置和试运行效果符合设计要求；升降动力设备工作正常。

（5）架体升降到位后，必须及时按使用状况要求进行附着固定。在没有完成架体固定工作前，施工人员不得擅自离岗或下班。

（6）附着式升降脚手架架体升降到位固定后，应进行检查，合格后方可使用；遇5级（含5级）以上大风和大雨、大雪、浓雾和雷雨等恶劣天气时，严禁进行升降作业。

（7）附着式升降脚手架在使用过程中严禁进行下列作业：利用架体吊运物料；在架体上拉结吊装缆绳（索）；在架体上推车；任意拆除结构件或松动连接件；拆除或移动架体上的安全防护设施；利用架体支撑模板；其他影响架体安全的作业。

（8）当附着式升降脚手架停用超过3个月时，应采取加固措施。当附着式升降脚手架停用超过1个月或遇6级（含6级）以上大风后复工时，必须进行检查，合格后方可使用。

（9）附着式升降脚手架的拆除工作必须按专项施工方案及安全操作规程的有关要求进行。必须对拆除作业人员进行安全技术交底；拆除时应有可靠的防止人员与物料坠落的措施，拆除的材料及设备严禁抛扔；拆除作业必须在白天进行；遇5级（含5级）以上大风和大雨、大雪、浓雾和雷雨等恶劣天气时，严禁进行拆卸作业。

2.高处作业吊篮的安全要求

（1）高处作业吊篮应由悬挑装置、吊篮平台、提升机构、防坠落机构、电气控制系统、钢丝绳和配套附件、连接件构成。吊篮平台应能通过提升机构沿钢丝绳作升降运动。吊篮悬挑装置应随工作面的改变作平行移动。高处作业吊篮安装时应按照专项施工方案，在专业人员的指导下实施。安装作业前，应划定安全区域，排除作业障碍。高处作业吊篮组装前应确认结构件、紧固件已经配套且完好，其规格型号和质量应符合设计要求。高处作业吊篮所用的部件、零件、标准件必须是同一厂家的产品。在建筑物屋面上进行悬挂机构的组装时，作业人员应与屋面边缘保持2 m以上的距离。组装场地狭小时应采取防坠落措施。悬挂机构宜采用刚性连结方式进行拉结固定，以防止悬挂机构失稳。严禁将悬挂机构前支架架设在女儿墙上、女儿墙外或建筑物挑檐边缘。前梁外伸长度必须符合高处作业吊篮使用说明书的规定。悬挑横梁前后水平高差应不大于横梁长度的2%，且应前高后低。配重件应稳定可靠地安放在配重架上，并有防止随意移动的措施。严禁使用破损的配重件或其他替代物。配重件的质量应符合设计规定。安装时钢丝绳应沿建筑物立面缓慢下放至地面，严禁抛掷。当使用两个以上的悬挂机构时，悬挂机构吊点水平间距与吊篮平台的吊点间距应相等，其误差应不大于50 mm。悬挂机构前支架应与支撑面保持垂直，脚轮不得受力。安装任何形式的悬挑结构，其施加于建筑物或构筑物支承处的作用力应符合建筑结构的承载要求，不得对建筑物和其他设施造成破坏和不良影响。

（2）高处作业吊篮必须设置专门为作业人员使用的挂设安全带的安全绳及安全锁扣。安全绳不得与吊篮上任何部位有连接，安全绳应符合《安全带》（GB 6095—2009）的标准要求，其直径应与安全锁扣的规格相一致。安全绳不得有松散、断股、打结现象。安全锁扣的部件必须完好、齐全,规格和方向标志应清晰可辨。吊篮宜安装防护棚,防止高处坠物造成作业人员伤害。吊篮宜安装限位装置。使用吊篮作业时应排除影响吊篮正常运行的障碍。在吊篮下方可能造成坠落物伤害的范围,应设置安全隔离区和警告标志,严禁人员、车辆停留或通行。在吊篮内从事安装、维修等作业时,操作人员应配有工具袋。使用国外吊篮设备应有中文使用说明书。吊篮操作人员必须经过安全技术培训,经考试合格后持证上岗作业。作业中不得擅自拆除吊篮上的任何部件或在吊篮上安装其他附加设施,严禁用吊篮运输物料或构配件等。吊篮正常工作时,人员应从地面进入吊篮内,不得从建筑物顶部、窗口或其他孔洞处上下吊篮。吊篮内作业人员不应超过2人。在吊篮内的作业人员必须戴安全帽、系安全带并将安全锁扣正确挂置在独立设置的安全绳上。吊篮平台内应保持荷载均衡,严禁超载运行。吊篮作升降运行时,工作平台两端高差不得超过150 mm。吊篮在空中停留作业时,必须将安全锁锁定在安全绳上。空中启动吊篮时,应先将吊篮提升使安全绳松弛后再开启安全锁。严禁在安全绳受力时强行扳动安全锁开启手柄。严禁将安全锁开启手柄固定于开启位置。使用高度在60 m及其以下的宜选用长边不大于7 m的吊篮平台;使用高度在60~100 m(包括100 m)的宜选用长边不大于5 m的吊篮平台;使用高度在100 m以上的宜选用不大于2.5 m的吊篮平台。进行喷涂作业或使用腐蚀性液体进行清洗作业时,应对吊篮的提升机、安全锁、电气控制柜采取防污染保护措施。悬挑结构平行移动时,应将吊篮平台降落至地面,其钢丝绳处于松弛状态。使用吊篮进行电焊作业时,应对吊篮设备、钢丝绳、电缆采取保护措施。严禁将电焊机放置在吊篮内;电焊缆线不得与吊篮任何部位接触;电焊钳不得搭挂在吊篮上。高处作业吊篮连接件和紧固件应符合下列规定:结构件采用螺栓连接的必须使用8.8级高强度螺栓,使用时加装一般垫圈和弹性垫圈。结构件采用销轴连接方式时,应使用生产厂家提供的产品。销轴规格必须符合原设计要求。销轴必须用开口销锁定,防止脱落。

(3)高处作业吊篮拆除时应按照专项施工方案,并在专业人员的指导下实施。拆除前应将吊篮平台落地,并将钢丝绳从提升机、安全锁中退出,切断总电源。拆除悬挑结构时,应对作业人员和设备采取安全措施后进行。拆卸分解后的零部件不得放置在建筑物边缘,并对其采取防止坠落的措施。零散物品应放置在容器中。严禁将吊篮任何部件从屋顶处抛下。

3.外挂防护架的安全要求

(1)使用外挂式防护架必须编制专项施工方案,作业前向操作人员进行技术交底;应按《建筑施工扣件式钢管脚手架安全技术规范》(JGJ 130—2011)的要求对钢管、扣件、脚手板等材料进行检查验收,合格的材料应按品种、规格分类堆放整齐,并按要求进行油漆防腐;应根据专项施工方案的要求,在建筑结构上设置预埋件,预埋件应经验收合格后方可浇筑混凝土,并应作好隐蔽工程记录。安装防护架悬空作业时,应先搭设安装平台(辅助架);防护架必须配合施工进度搭设,一次搭设高度不应超过相邻连墙件以上两步;每搭完一步架后,应校正步距、纵距、横距及立杆的垂直度,合格后应再进行下道工序;竖向桁架安装宜在起重机械辅助下进行;同一片防护架的相邻立杆的对接扣件应交错布置:在高度方向错开的距离不宜小于500 mm,各接头中心至主节点的距离不宜大于步距的1/3;纵向水平杆必须通长设置,严禁搭接。当防护架施工操作层高出辅助架两步时,应搭设临时连墙件,防护架提升时方可拆除。剪刀撑应随立杆同步搭设。扣件的螺栓拧紧扭力矩不应小于40 N·m,且不应大于55 N·m。

在主节点处固定横向水平杆、纵向水平杆、剪刀撑等使用的直角扣件、旋转扣件的中心点的相互距离不应大于150 mm。对接扣件开口应朝上或朝内。各杆件端头伸出扣件盖板边缘长度不应小于100 mm。

（2）提升防护架应使用经检验合格的钢丝绳作为提升索具。钢丝绳直径应不小于12.5 mm。起重设备能力应满足提升防护架质量的需要，提升防护架的起重设备公称起重力矩值不得小于400 kN·m，其额定提升质量的90%应大于架体质量。钢丝绳与防护架的连接点应在竖向桁架的顶部，连接处不得有尖锐凸角等。提升钢丝绳的长度应能保证提升平稳。提升速度不得大于3.5 m/min。在防护架提升期间（包括从准备到提升到位交付使用前），除防护架作业班组外，禁止其余人员从事临边作业。操作人员必须使用安全带。严禁操作人员站在提升的防护架上操作。每片架体均应分别与建筑物直接连接；严禁在提升钢丝绳受力前拆除连墙件。在施工过程中，严禁拆除与结构连结的连墙件。当采用辅助架时，第一次提升前必须在钢丝绳收紧受力后，才能拆除连墙杆件和辅助架相连接的扣件，严禁非持证人员指挥防护架提升。指挥工、操作工应统一指挥、协调一致，不得缺岗。提升时，必须按照"提升一片、固定一片、封闭一片"的原则进行，严禁提前拆除两片以上的架体、分片处连接杆、立面及底部封蔽设施。每次提升后，必须检查扣件紧固程度；所有连接扣件必须逐一检查、紧固。

（3）拆除防护架的准备工作应符合下列规定：应全面检查防护架的扣件连接、连墙件、竖向桁架、三角臂等是否符合构造要求；应根据检查结果补充完善专项施工方案中的拆除顺序和措施，经主管部门批准后方可实施；应由单位工程负责人进行拆除安全技术交底；应清除防护架上杂物及地面障碍物。拆除防护架时，应符合下列规定：应用起重机械把防护架吊运到地面进行拆除；各构配件严禁抛掷；拆除的构配件应按品种、规格随时码堆存放。

 拓展与提高

液压升降整体脚手架的安全技术

1.液压升降整体脚手架的安装

（1）液压升降整体脚手架应由有资质的安装单位施工。

（2）安装单位应核对脚手架搭设构（配）件、设备及周转材料的数量、规格，查验产品质量合格证、材质检验报告等文件资料。构（配）件、设备、周转材料应符合下列规定：钢管应符合国家现行标准《直缝电焊钢管》（GB/T 13793）的规定；钢管脚手架的连接扣件应采用可锻铸铁制作，其材质应符合国家现行标准《钢管脚手架扣件》（GB 15831）的规定，并在螺栓拧紧的扭力矩达到65 N·m时，不得发生破坏；脚手板应采用钢、木、竹材料制作，其材质应符合相应国家现行标准的有关规定；安全维护材料及辅助材料应符合相应国家现行标准的有关规定。

（3）应核实预留螺栓孔或预埋件的位置和尺寸。

（4）应查验竖向主框架、水平支承、附着支承、液压升降装置、液压控制台、油管、各液压元件、防坠落装置、防倾覆装置、导向部件的数量和质量。

（5）应设置安装平台,安装平台应能承受安装时的垂直荷载。高度偏差应小于20 mm;水平支承底平面高差应小于20 mm。

（6）架体的垂直度偏差应小于架体全高的0.5%,且不应大于60 mm。

（7）安装过程中竖向主框架与建筑结构件应采取可靠的临时固定措施,确保竖向主框架的稳定。

（8）架体底部应铺设脚手板,脚手板与墙体间隙不应大于50 mm,操作层脚手板应满铺牢固,孔洞直径宜小于25 mm。

（9）剪刀撑斜杆与地面的夹角应为45°~60°。

（10）每个竖向主框架所覆盖的每一楼层处,应设置一道附着支承及防倾覆装置。

（11）防坠落装置应设置在竖向主框架处,防坠落吊杆应附着在建筑结构上,且必须与建筑结构可靠连接。每一升降点应设置一个防坠落装置,在使用和升降工况下应能起作用。

（12）防坠落装置与液压升降装置联动机构的安装,应先将液压升降装置处于受力状态,调节螺栓将防坠落装置打开,防坠落杆件应能自由地在装置中间移动;当液压升降装置处于失力状态时,防坠落装置应能锁紧防坠落杆件。

（13）在竖向主框架位置应设置上下两个防倾覆装置,才能安装竖向主框架。

（14）液压升降装置应安装在竖向主框架上,并应有可靠的连接。

（15）控制台应布置在所有机位的中心位置,向两边均布油管;油管应固定在架体上,应有防止碰撞的措施,转角处应圆弧过渡。

（16）应确保在额定工作压力下30 min,所有的管接头滴漏总量不得超过3滴油。

（17）架体的外侧防护应采用密目安全网,密目安全网应布设在外立杆内侧。

2.液压升降整体脚手架的升降

（1）液压升降整体脚手架提升或下降前应按要求进行检查,检查合格后方能发布升降命令。

（2）在液压升降整体脚手架升降过程中,应设立统一指挥、统一信号。参与的作业人员必须服从指挥,确保安全。

（3）升降时应进行检查,结果应符合下列要求:液压控制台的压力表、指示灯、同步控制系统的工作情况应无异常现象;各个机位建筑结构受力点的混凝土墙体或预埋件应无异常变化;各个机位的竖向主框架、水平支撑结构、附着支撑结构、导向、防倾覆装置、受力构件应无异常现象;各个防坠落装置的开启情况和失力锁紧工作应正常。

（4）当发现异常现象时,应停止升降工作;查明原因、隐患排除后方可继续进行升降工作。

3.液压升降整体脚手架的使用

（1）液压升降整体脚手架提升或下降到位后应按要求进行检查,检查合格后方可使用。

（2）在使用过程中严禁下列违章作业:架体上超载、集中堆载;利用架体作为吊装点和张拉点;利用架体作为施工外模板的支模架;拆除安全防护设施和消防设施;构架碰撞或扯动架体;其他影响架体安全的违章作业。

（3）施工作业时应有足够的照度。

（4）液压升降整体脚手架使用过程中,应每个月进行一次检查,并应符合要求,检查合格后方可继续使用。

（5）作业期间,应每天清理架体、设备、构配件上的混凝土、尘土和建筑垃圾。

（6）每完成一个单体工程,应对液压升降整体脚手架部件、液压升降装置、控制设备、防坠落装置等进行保养和维修。

（7）液压升降整体脚手架的部件及装置出现下列情况之一时,应予以报废:焊接结构件严重变形或严重腐蚀;螺栓发生严重变形、严重磨损、严重腐蚀;液压升降装置主要部件损坏;防坠落装置的部件发生明显变形。

4.液压升降整体脚手架的拆除

（1）液压升降整体脚手架的拆除工作应按专项施工方案执行,并应对拆除人员进行安全技术交底。

（2）液压升降整体脚手架的拆除工作宜在低空进行。

（3）拆除后的材料应随拆随运,分类堆放,严禁抛掷。

 思考与练习

（一）单项选择题（下列各题中,只有一个最符合题意,请将其编号填写在括号内）

1.对长条状的独立高支模架,架体总高度与架体的宽度之比 H/B 不应大于（　　　）。

A.2　　　　　　　　B.3　　　　　　　　C.4　　　　　　　　D.5

2.高大模板支架及脚手架搭设和拆除人员应参加（　　　）组织的建筑施工特种作业培训且考核合格,取得上岗资格证。

A.建筑行业主管部门　　　　　　　　B.安全管理主管部门

C.建筑施工企业　　　　　　　　　　D.项目经理部

3.当碗口式脚手架的连墙件竖向间距大于（　　　）m时,连墙件内外立杆之间必须设置廊道斜杆或十字撑。

A.2　　　　　　　　B.3　　　　　　　　C.4　　　　　　　　D.5

4.碗口式脚手架的搭设应与建筑物的施工同步上升,每次搭设高度必须高于即将施工楼层（　　　）m。

A.1　　　　　　　　B.1.5　　　　　　　C.2　　　　　　　　D.2.5

5.附着式升降脚手架架体升降到位固定后,应进行检查,合格后方可使用;遇（　　　）级及以上大风和大雨、大雪、浓雾和雷雨等恶劣天气时,严禁进行升降作业。

A.5　　　　　　　B.6　　　　　　　C.7　　　　　　　D.8

(二)多项选择题(下列各题中,至少有两个答案符合题意,请将其编号填写在括号内)

1.脚手架拆除必须按照(　　　)的原则进行,严禁上下同时作业。

A.先装后拆　　　B.后装先拆　　　C.先装先拆　　　D.后装后拆　　　E.先下后上

2.承插型盘扣式钢管支架搭设作业人员必须正确(　　　)。

A.戴安全帽　　　B.系安全带　　　C.说规范语　　　D.穿防滑鞋　　　E.乘安全车

3.严禁将悬挂机构前支架架设在(　　　)。

A.屋面梁　　　　B.女儿墙上　　　C.屋顶面　　　　D.女儿墙外

E.建筑物挑檐边缘

4.提升防护架时,必须按照(　　　)的原则进行。

A.提升一片　　　B.固定一片　　　C.封闭一片　　　D.制作一片　　　E.运输一片

5.碗口式脚手架的构配件进场质量检查的重点是(　　　)。

A.钢管管壁厚度　　　B.焊接质量　　　C.外观质量　　　D.可调底座

E.可调托撑丝杆直径与螺母配合间隙及材质

(三)判断题(请在你认为正确的题后括号内打"√",错误的题后括号内打"×")

1.承插型盘扣式钢管支架由塔式单元扩大组合而成,在拐角为直角部位应设置立杆间的竖向斜杆。　　　　　　　　　　　　　　　　　　　　　　　　　　(　　　)

2.碗口式脚手架全高的垂直度应小于 $L/500$,最大允许偏差应小于 150 mm。(　　　)

3.混凝土输送管、布料杆及塔架拉结缆风绳可以固定在脚手架上。　　　(　　　)

4.脚手板的挂钩必须完全扣在水平杆上,挂钩必须处于锁住状态。　　　(　　　)

5.高处作业吊篮安装时应按照专项施工方案,在专业人员的指导下实施。(　　　)

任务三　掌握起重吊装安全技术

 任务描述与分析

随着人类活动规模的不断扩大,起重机械的应用越来越广泛。起重机械作业引起的伤害事故在国内外工业生产中均占有较大的比例。为进一步提高从业人员的素质,加强起重机械的安全管理工作,减少和防止起重作业的伤害事故,施工现场人员应该掌握一定的起重吊装设备安全技术知识。本任务的具体要求是:掌握施工起重吊装安全管理的基本要求;掌握施工升降机械安装、拆卸、使用的安全技术;掌握龙门架及井字架物料提升机的安全技术;掌握塔式起重机安装、拆卸、使用的安全技术;具有运用起重吊装的安全技术知识对施工现场起重吊装设备进行安全管理和检查的基本技能。

知识与技能

(一)施工起重吊装安全管理基本要求

(1)必须熟悉起重吊装工器具的基本性能,最大允许负荷,报废标准和工件的捆绑、吊挂要求及指挥信号,严格执行本工种的安全技术操作规程。

(2)工作前应认真检查并确认所需的一切工器具、设备处于完好状态,若发现链条、钢丝绳、麻绳、工夹吊具已经达到报废程度,严禁使用。

(3)起重物体必须根据物体质量、体积、形状、种类采用合适的起重捆绑和吊运方法。多人作业时必须指定专人负责指挥。

(4)吊运物体时,必须保持物体重心平稳,各种物体起吊前应先进行试吊,确认可靠后方可进行指挥吊运。

(5)使用三脚架应绑扎牢固,杆距相等,杆脚固定牢靠,不可斜吊;使用千斤顶必须垂直,上下填牢,随起随填,随落随抽填木。

(6)使用滚杠两端不宜超出工件底面过长,防止压伤手脚,滚动时应设监护人员,人不准在重力倾斜方向一侧进行操作,钢丝绳穿越通道,应设置明显的安全标志。

(7)吊运重物时尽可能不要离地面太高,在任何情况下禁止吊运重物从人员上空越过,所有人员不准在重物下方停留或行走,不得将重物长时间吊悬在空中。

(8)使用起重机时应与起重机操作人员密切配合,必须做到"十个不准吊":超载、指挥信号不明、气候恶劣光线不足、捆绑不牢、歪拉斜吊、吊物上站人或有浮置物、棱角未保护、埋入地下物和质量不明、危险物品、违章指挥的情况下不准吊运。

(9)起重机不得在架空输电线路下方或附近进行工作(表2-2所示为起重设备部件与输电线路的最近距离)。如确实需要,必须开具安全施工作业票,制订可靠的防范措施,由专人监护。

表2-2 起重臂、钢丝绳、重物等与架空输电线路最近水平距离

输电线路电压/kV	1以下	1~35	60	110	154	220	330	n
允许与输电线路的最近距离/m	1.5	3	3.1	3.6	4.1	4.7	5.3	$0.01 \times (n-50)+3$

(10)工作时应事先清理起吊地点及运行通道上的障碍物,无关人员应避让,操作人员也应选择恰当的上风位置(安全位置)。

(11)工作中严禁用手直接矫正已被重物张紧的绳索等吊具,过程中发现捆绑松动或机械工具发生异样或异响,应立即发出停止作业信号,进行检查,绝不可有侥幸心理。

(12)翻转大型物体,作业人员应站在重物倾斜方向的对面,严禁面对倾斜方向站立;必要时应在重物翻转下方放置衬垫物。

(13)选用的钢丝绳、链条等吊索具长度必须符合要求;挂吊物体时,吊索具与所吊物体的夹角要适当,不宜过大。

(14)吊运物体如有油污,应将捆绑处油污擦干净,以防止吊物从捆绑处滑动。

(15)指挥两台及以上起重机械抬吊同一物体时,必须开具安全施工作业票,并有施工技术负责人在场指导,严格按照规定进行。

(16)吊运大件设备时,应在设备端部系上绳索拉紧,确保在上升或平移过程中的稳定。在把吊运物体卸至运输车辆上时,要观察重心是否平稳,确认松绑后不致倾倒时才可松绑。

(17)在任何情况下,严禁用人身质量来平衡吊运物体或以人力支撑物体起吊,更不允许站在物体上同时吊运。起吊重物前,应将其附件拆下或固定,以防因其活动引起重物重心变化或滑下伤人,重物上的杂物应清扫干净。

(18)卸下吊运物体时要垫好衬木,不规则物体要支好支承,保持平稳;要确认存放情况,不得将物体压在电源线或管道上或堵塞通道,物件堆放要整齐平稳。

(19)起重挂钩工(司索人员)在任何情况下不得让他人代其在起重时挂钩重物。

(20)工作结束后,应将所用工具擦净油污,完成保养工作后归位,加强保管。

(二)施工升降机安装、拆卸、使用的安全技术

1.施工升降机的安装作业

(1)安装作业人员应按施工安全技术交底内容进行作业。

(2)安装单位的专业技术人员、专职安全生产管理人员应进行现场监督。

(3)施工升降机的安装作业范围应设置警戒线及明显的警示标志。非作业人员不得进入警戒范围。任何人不得在悬吊物下方行走或停留。

(4)进入现场的安装作业人员应佩带安全防护用品,高处作业人员应系安全带、穿防滑鞋。作业人员严禁酒后作业。

(5)安装作业中应统一指挥,明确分工。危险部位安装时应采取可靠的防护措施。当指挥信号传递困难时,应使用对讲机等通信工具进行指挥。

(6)当遇大雨、大雪、大雾或风速大于13 m/s(6级风)等恶劣天气时,应停止安装作业。

(7)电气设备安装应按施工升降机使用说明书的规定进行,安装用电应符合现行行业标准《施工现场临时用电安全技术规范》(JGJ 46)的规定。

(8)施工升降机金属结构和电气设备金属外壳均应接地,接地电阻不应大于4 Ω。

(9)安装时应确保施工升降机运行通道内无障碍物。

(10)安装作业时必须将按钮盒或操作盒移至吊笼顶部操作。当导轨架或附墙架上有人员作业时,严禁开动施工升降机。

(11)传递工具或器材时不得采用投掷的方式。

(12)在吊笼顶部作业前应确保吊笼顶部护栏齐全完好。

(13)吊笼顶上所有的零件和工具应放置平稳,不得超出安全护栏。

(14)安装作业过程中,安装作业人员和工具等总荷载不得超过施工升降机的额定安装荷载。

(15)当安装吊杆上有悬挂物时,严禁开动施工升降机,严禁超载使用安装吊杆。

(16)层站应为独立受力体系,不得搭设在施工升降机附墙架的立杆上。

(17)当需安装导轨架加厚标准节时,应确保普通标准节和加厚标准节的安装部位正确,

不得用普通标准节替代加厚标准节。

（18）导轨架安装时，应对施工升降机导轨架的垂直度进行测量校准。施工升降机导轨架安装垂直度偏差应符合使用说明书和表2-3的规定。

表2-3　安装垂直度偏差

导轨架架设高度 h/m	$h \leqslant 70$	$70 < h \leqslant 100$	$100 < h \leqslant 150$	$150 < h \leqslant 200$	$h > 200$
垂直度偏差值/mm	不大于(1/1 000)h	≤70	≤90	≤110	≤130
	对钢丝绳式施工升降机,垂直度偏差不大于(1.5/1 000)h				

（19）接高导轨架标准节时，应按使用说明书的规定进行附墙连接。

（20）每次加节完毕后，应对施工升降机导轨架的垂直度进行校正，且应按规定及时重新设置行程限位和极限限位，经验收合格后方能运行。

（21）连接件和连接件之间的防松防脱件应符合使用说明书的规定，不得用其他物件代替。对有预紧力要求的连接螺栓，应使用扭力扳手或专用工具，按规定的拧紧次序将螺栓准确地紧固到规定的扭矩值。安装标准节连接螺栓时，宜螺杆在下、螺母在上。

（22）施工升降机最外侧边缘与外面架空输电线路的边线之间，应保持安全操作距离。最小安全操作距离应符合表2-4的规定。

表2-4　最小安全操作距离

外电线电路电压/kV	<1	1~10	35~110	220	330~500
最小安全操作距离/m	4	6	8	10	15

（23）当发现故障或危及安全的情况时，应立刻停止安装作业，采取必要的安全防护措施，应设置警示标志并报告技术负责人；在故障或危险情况未排除之前，不得继续安装作业。

（24）当遇意外情况不能继续安装作业时，应使已安装的部件达到稳定状态并固定牢靠，经确认合格后方能停止作业。作业人员下班离岗时，应采取必要的防护措施，并应设置明显的警示标志。

（25）安装完毕后应拆除为施工升降机安装作业而设置的所有临时设施，清理施工场地上作业时所用的索具、工具、辅助用具、各种零配件和杂物等。

（26）钢丝绳式施工升降机的安装还应符合下列规定：卷扬机应安装在平整、坚实的地点，且应符合使用说明书的要求；卷扬机、曳引机应按使用说明书的要求固定牢靠；应按规定配备防坠安全装置；卷扬机卷筒、滑轮、曳引轮等应有防脱绳装置；每天使用前应检查卷扬机制动器，动作应正常；卷扬机卷筒与导向滑轮中心线应垂直对正，钢丝绳出绳偏角大于2°时应设置排绳器；卷扬机的传动部位应安装牢固的防护罩；卷扬机卷筒旋转方向应与操纵开关上指示方向一致。卷扬机钢丝绳在地面上运行区域内应有相应的安全保护措施。

2.施工升降机的使用

（1）不得使用有故障的施工升降机。

（2）严禁施工升降机使用超过有效标定期的防坠安全器。

（3）施工升降机额定载重量、额定乘员数标牌应置于吊笼醒目位置。严禁在超过额定载重量或额定乘员数的情况下使用施工升降机。

（4）当电源电压值与施工升降机额定电压值的偏差超过±5％或供电总功率小于施工升降机的规定值时，不得使用施工升降机。

（5）应在施工升降机作业范围内设置明显的安全警示标志，应在集中作业区做好安全防护工作。

（6）当建筑物超过2层时，施工升降机地面通道上方应搭设防护棚。当建筑物高度超过24 m时，应设置双层防护棚。

（7）使用单位应根据不同的施工阶段、周围环境、季节和气候，对施工升降机采取相应的安全防护措施。

（8）使用单位应在现场设置相应的设备管理机构或配备专职的设备管理人员，并指定专职设备管理人员、专职安全生产管理人员进行监督检查。

（9）当遇大雨、大雪、大雾、施工升降机顶部风速大于20 m/s或导轨架、电缆表面结有冰层时，不得使用施工升降机。

（10）严禁用行程限位开关作为停止运行的控制开关。

（11）使用单位应在使用期间按使用说明书的要求对施工升降机定期进行保养。

（12）在施工升降机基础周边水平距离5 m以内不得开挖，并不得堆放易燃易爆物品及其他杂物。

（13）施工升降机运行通道内不得有障碍物，不得利用施工升降机的导轨架、横竖支撑、层站等牵拉或悬挂脚手架、施工管道、绳缆标语、旗帜等。

（14）施工升降机安装在建筑物内部井道中时，应在运行通道四周搭设封闭屏障。

（15）安装在阴暗处或夜班作业的施工升降机，应在全行程装设明亮的楼层编号标志灯。夜间施工时作业区应有足够的照明，照明应满足现行行业标准《施工现场临时用电安全技术规范》（JGJ 46）的要求。

（16）施工升降机不得使用脱皮、裸露的电线、电缆。

（17）施工升降机吊笼底板应保持干燥整洁，各层站通道区域不得有物品长期堆放。

（18）严禁施工升降机司机酒后作业。工作时间内司机不应与其他人员闲谈，不应有妨碍施工升降机运行的行为。

（19）施工升降机司机应遵守安全操作规程和安全管理制度。

（20）实行多班作业的施工升降机应执行交接班制度。交班司机应填写交接班记录表；接班司机应进行班前检查，确认无误后，方能开机作业。

（21）施工升降机每天第一次使用前，司机应将吊笼升离地面1~2 m，停车试验制动器的可靠性，如发现问题，应经修复合格后方能运行。

（22）施工升降机每3个月应进行一次1.25倍额定载重量的超载试验，确保制动器性能安全可靠。

（23）工作时间内司机不得擅自离开施工升降机；当有特殊情况须离开时，应将施工升降机停到最底层，关闭电源并锁好吊笼门。

（24）操作手动开关的施工升降机时，不得利用机电连锁开动或停止施工升降机。

（25）层门门闩宜设置在靠施工升降机一侧，且层门应处于常闭状态。未经施工升降机司机许可，不得启闭层门。

（26）施工升降机专用开关箱应设置在导轨架附近便于操作的位置，配电容量应满足施工升降机直接启动的要求。

（27）在施工升降机使用过程中，运载物料的尺寸不应超过吊笼的界限。

（28）散状物料运载时应装入容器、进行捆绑或使用织物袋包装，堆放时应使荷载分布均匀。

（29）运载溶化沥青、强酸或强碱溶液、易燃物品或其他特殊物料时，应由相关技术部门作好风险评估，采取安全措施，且应向施工升降机司机、相关作业人员书面交底后方能操作。

（30）当使用搬运机械向施工升降机吊笼内搬运物料时，搬运机械不得碰撞施工升降机；卸料时，物料放置速度应缓慢。

（31）当运料小车进入吊笼时，车轮处的集中载荷不应大于吊笼底板和层站底板的允许承载力。

（32）吊笼上的各类安全装置应保持完好有效。经过大雨、大雪、台风等恶劣天气后应对各安全装置进行全面检查，确认安全有效后方能使用。

（33）当在施工升降机运行中发现异常情况时应立即停机，直到排除故障后方能继续运行。

（34）当在施工升降机运行中由于断电或其他原因中途停止时，可进行手动下降。吊笼手动下降速度不得超过额定运行速度。

（35）作业结束后应将施工升降机返回最底层停放，将各控制开关拨到零位，切断电源，锁好开关箱、吊笼门和地面防护围栏门。

（36）钢丝绳式施工升降机的使用还应符合下列规定：钢丝绳应符合现行国家标准《起重机钢丝绳保养、维护、检验和报废》（GB/T 5972—2016）的规定；施工升降机吊笼运行时钢丝绳不得与遮掩物或其他物件发生碰触或摩擦；当吊笼位于地面时，最后缠绕在卷扬机卷筒上的钢丝绳不应少于3圈，且卷扬机卷筒上钢丝绳应无乱绳现象；卷扬机工作时，卷扬机上部不得放置任何物件；不得在卷扬机、曳引机运转时进行清理或加油。

3.施工升降机的检查、保养与维修

（1）在每天开工前和每次换班前，施工升降机司机应按使用说明书及操作规程的要求对施工升降机进行检查。对检查结果应进行记录，发现问题应向使用单位报告。

（2）在使用期间，使用单位应每月组织专业技术人员按规定对施工升降机进行检查，并对检查结果进行记录。

（3）当遇到可能影响施工升降机安全技术性能的自然灾害、发生设备事故或停工6个月以上时，应对施工升降机重新组织检查验收。

（4）应按使用说明书的规定对施工升降机进行保养、维修。保养、维修的时间间隔应根据使用频率、操作环境和施工升降机状况等因素确定。使用单位应在施工升降机使用期间安排足够的设备保养、维修时间。

（5）对保养和维修后的施工升降机，经检测确认各部件状态良好后，宜对施工升降机进行额定载重量试验。双吊笼施工升降机应对左右吊笼分别进行额定载重量试验。试验范围应包括施工升降机正常运行的所有方面。

（6）施工升降机使用期间，每3个月应进行不少于1次的额定载重量坠落试验。坠落试验的方法、时间间隔及评定标准应符合使用说明书和现行国家标准《施工升降机》（GB/T 10054）的有关要求。

（7）对施工升降机进行检修时应切断电源，并应设置醒目的警示标志。当需通电检修时，应做好防护措施。

（8）不得使用未排除安全隐患的施工升降机。

（9）严禁在施工升降机运行中进行保养、维修作业。

（10）在施工升降机保养过程中，对磨损、破坏程度超过规定的部件，应及时进行维修或更换，并由专业技术人员检查验收。

（11）应将各种与施工升降机检查、保养和维修相关的记录纳入安全技术档案，并在施工升降机使用期间内在工地存档。

4.施工升降机的拆卸

（1）拆卸前应对施工升降机的关键部件进行检查；发现问题时，应在问题完全解决后方能进行拆卸作业。

（2）施工升降机拆卸作业应符合拆卸工程专项施工方案的要求。

（3）应有足够的工作面作为拆卸场地；应在拆卸场地周围设置警戒线和醒目的安全警示标志，并应派专人监护。拆卸施工升降机时，不得在拆卸作业区域内进行与拆卸无关的其他作业。

（4）夜间不得进行施工升降机的拆卸作业。

（5）拆卸附墙架时，施工升降机导轨架的自由端高度应始终满足使用说明书的要求。

（6）应确保与基础相连的导轨架在最后一个附墙架拆除后仍能保持各方向的稳定性。

（7）施工升降机拆卸应连续作业；当拆卸作业不能连续完成时，应根据拆卸状态采取相应的安全措施。

（8）吊笼未拆除之前，非拆卸作业人员不得在地面防护围栏内、施工升降机运行通道内、导轨架内以及附墙架上等区域活动。

（三）龙门架及井字架物料提升机安全技术

1.龙门架的安装、拆除

（1）分件安装龙门架时，应符合下列规定：用预埋螺栓将底座固定在基础上，找平找正后，把吊篮置于底板中央。安装立柱底节，并两边交错进行，以后每安装两个标准节（不大于8 m）必须进行临时固定，并按规定安装和固定附墙架或缆风绳。严格注意导轨的垂直度，任何方向允许偏差为10 mm，并在导轨相接处不得出现折线和过大间隙。安装至预定高度后，应及时安装天梁和各项制动、限速保险装置。

（2）整体安装龙门架时，应符合下列规定：整体搬起前，应对两立柱及架体进行检查，如原设计不能满足起吊要求则不能起吊。吊装前应于架体顶部系好缆风绳和各种防护装置。吊点应符合原图纸规定要求，起吊过程中应注意观察立柱弯曲变形情况。起吊就位后应初步校正垂直度，并紧固底脚螺栓、缆风绳或安装固定附墙架，经检查无误后，方可摘除吊钩。

（3）应按规定要求安装固定卷扬机。

（4）应严格执行拆除方案，采用分节或整体拆除方法进行拆除。

2.架体的安装、拆除

（1）安装架体时，应先将地梁与基础连接牢固。每安装 2 个标准节（一般不大于 8 m），应采取临时支撑或临时缆风绳固定，并进行初步校正，在确认稳定后方可继续作业。

（2）安装龙门架时，两边立柱应交替进行，每安装 2 节，除将单肢柱进行临时固定外，还应将两立柱横向连接成一体。

（3）利用建筑物内井道作架体时，各楼层进料口处的停靠门，必须与司机操作处装设的层站标志灯进行连锁。阴暗处应装照明。

（4）架体各节点的螺栓必须紧固，螺栓应符合孔径要求，严禁扩孔和开孔，更不得漏装或以铅丝代替。

（5）装设摇臂把杆时，应符合以下要求：把杆不得装在架体的自由端处；把杆底座要高出工作面，其顶部不得高出架体；把杆应安装保险钢丝绳，起重吊钩应装设限位装置；把杆与水平面夹角应为 45°～70°，转向时不得碰到缆风绳；随工作面升高把杆需要重新安装时，其下方的其他作业应暂时停止。

（6）在拆除缆风绳或附墙架前，应先设置临时缆风绳或支撑，确保架体的自由高度不得大于 2 个标准节（一般不大于 8 m）。

（7）拆除龙门架的天梁前，应先分别对两立柱采取稳固措施，保证单柱的稳定。

（8）拆除作业中，严禁从高处向下抛掷物件。

（9）拆除作业宜在白天进行；夜间作业应有良好的照明。因故中断作业时，应采取临时稳固措施。

3.卷扬机的安装

（1）卷扬机应安装在平整坚实的位置上，宜远离危险作业区，视野应良好。因施工条件限制，卷扬机安装位置距施工作业区较近时，其操作棚的顶部应按防护棚的要求架设。

（2）固定卷扬机的锚杆应牢固可靠，不得以树木、电线杆代替锚桩。

（3）当钢丝绳在卷筒中间位置时，架体底部的导向滑轮应与卷筒轴心垂直，否则应设置辅助导向滑轮，并用地锚、钢丝绳拴牢。

（4）提升钢丝绳运行中应架起，使之不拖在地面上或被水浸泡。必须穿越主干道时，应挖沟槽并加保护措施，严禁在钢丝绳穿行的区域内堆放物料。

4.低架龙门架的整体安装与拆除

（1）架体的拼装应在平整的场地上进行，各节点螺栓应紧固，拼装精度应满足安装精度的要求。

（2）拼装后架体应进行临时加固，除沿立柱纵向绑扎梢径不小于 80 mm 的木杆外，两立柱之间还应以横杆和剪刀撑进行横向加固。

（3）整体起吊前，应在架体顶部四角系牢缆风绳。

（4）架体的吊点应采取设计制造吊点。用把杆起吊时，应在起吊（或放倒）架体的相反方向，用辅助缆风绳加以保护。起吊（放倒）要平稳，不得斜吊。

（5）架体吊立就位时，应在拴牢缆风绳和固定架体底脚后，方可摘除吊钩。

（6）拆除作业时应先挂好吊具,拉紧起吊绳,使架体呈起吊状态,再解除缆风绳和底脚螺栓。

（7）龙门架整体安装和拆除工作属起重作业,必须由持证的起重工和有经验的指挥人员配合进行。

5.龙门架的使用与管理

（1）龙门架在安装后使用前的验收应符合下列规定:提升机安装后,应由主管部门按照规范和设计规定进行检查验收,确认合格发给使用证后,方可交付使用。使用前和使用中的检查宜包括下列内容:

①使用前的检查。检查内容包括:金属结构有无开焊和明显变形;架体各节点连接螺栓是否紧固;附墙架、缆风绳、地锚位置和安装情况;架体的安装精度是否符合要求;安全防护装置是否符合要求;卷扬机的位置是否合理;电气设备及操作系统是否可靠性;信号及通信装置的使用效果是否良好;钢丝绳、滑轮组的固接情况;提升机与输电线路的安全距离及防护情况。

②定期检查。定期检查每月进行一次,由有关部门和人员参加。检查内容包括:金属结构有无开焊、锈蚀、永久性变形;扣件、螺栓连接的紧固情况;提升机构磨损情况及钢丝绳的完好性;安全防护装置有无缺少、失灵和损坏;缆风绳、地锚、附墙架等有无松动;电气设备的接地（或接零）情况;断绳保护装置的灵敏度试验。

③日常检查。日常检查由作业司机在班前进行,在确认提升机正常时,方可投入作业。检查内容包括:地锚与缆风绳的连接有无松动;空载提升吊篮上下运行一次,验证是否正常,并同时碰撞限位器和观察安全门是否灵敏完好;在额定荷载下,将吊篮提升至离地面 1~2 m 高度停机,检查制动器的可靠性和架体的稳定性;安全停靠装置和断绳保护装置的可靠性;吊篮运行通道内有无障碍物;作业司机的视线是否清晰或通信装置的使用效果是否良好。

（2）使用提升机时应符合下列规定:物料在吊篮内应均匀分布,不得超出吊篮。当长料在吊篮中立放时,应采取防滚落措施;散料应装箱或装笼。严禁超载使用;严禁人员攀登、穿越提升机架体和乘吊篮上下;高架提升作业时,应使用通信装置联系;低架提升机在多工种、多楼层同时使用时,应设专门指挥人员,信号不清不得开机。作业中不论任何人发出紧急停车信号,均应立即执行;闭合主电源前或作业中突然断电时,应将所有开关扳回零位。在重新恢复作业前,应在确认提升机动作正常后方可继续使用;发现安全装置、通信装置失灵时,应立即停机修复。作业中不得随意使用极限限位装置;使用中要经常检查钢丝绳、滑轮工作情况,如发现磨损严重,必须按照有关规定及时更换;采用摩擦式卷扬机为动力的提升机,吊篮下降时,应在吊篮行至离地面 1~2 m 处,控制落地速度,不允许吊篮自由落下直接降至地面。装设摇臂把杆的提升机,作业时吊篮与摇臂把杆不得同时使用;作业后应将吊篮吊至地面,各控制开关扳至零位,切断主电源,锁好闸箱。

（3）提升机使用中应进行经常性的维修保养,并符合下列规定:司机应按使用说明书的有关规定,对提升机各润滑部位注油润滑;维修保养时,应将所有控制开关扳至零位,切断主电源,并在闸箱处挂"禁止合闸"标志,必要时应设专人监护;提升机处于工作状态时,不得进行保养、维修,排除故障应在停机后进行;更换零部件时,零部件必须与原部件的材质性能相同,并应符合设计与制造标准;维修主要结构所用焊条及焊缝质量,均应符合原设计要求;维修和保养提升机架体顶部时,应搭设上人平台,并应符合高处作业要求。

（4）提升机应由设备部门统一管理，不得对卷扬机和架体分开管理。

（5）金属结构码放时，应放在垫木上，在室外存放要有防雨及排水措施。电气设备、仪表及易损件的存放应注意防震、防潮。

（6）运输提升机各部件时，装车应垫平、尽量避免磕碰，同时应注意各提升机的配套件。

（四）塔式起重机安装、拆卸、使用的安全技术

1.塔式起重机的安装

（1）塔式起重机安装、拆卸单位必须在资质许可范围内从事塔式起重机的安装、拆卸业务。

（2）塔式起重机安装、拆卸单位应具备安全管理保证体系，有健全的安全管理制度。起重设备安装工程专业承包企业资质分为一级、二级、三级。一级企业：可承担各类起重设备的安装与拆卸。二级企业：可承担单项合同额不超过企业注册资本金5倍的1 000 kN·m及以下塔式起重机等起重设备、120 t及以下起重机和龙门吊的安装与拆卸。三级企业：可承担单项合同额不超过企业注册资本金5倍的800 kN·m及以下塔式起重机等起重设备、60 t及以下起重机和龙门吊的安装与拆卸。顶升、加节、降节等工作均属于安装、拆卸范畴。

（3）塔式起重机安装、拆卸作业应配备下列人员：持有安全生产考核合格证书的项目和安全负责人、机械管理人员；具有建筑施工特种作业操作资格证书的建筑起重机械安装拆卸工、起重信号工、起重司机、司索工等特种作业操作人员。

（4）塔式起重机应具有特种设备制造许可证、产品合格证、制造监督检验证明，并已在建设主管部门备案登记。

（5）塔式起重机启用前应检查其备案登记证明等文件、建筑施工特种作业人员的操作资格证书、专项施工方案、辅助起重机械的合格证及操作人员资格证。

（6）有下列情况的塔式起重机严禁使用：国家明令淘汰的产品；超过规定使用年限经评估不合格的产品；不符合国家或行业标准的产品；没有完整安全技术档案的产品。

（7）塔式起重机安装、拆卸前，应编制专项施工方案，指导作业人员实施安装、拆卸作业。专项施工方案应根据塔式起重机产品说明书和作业场地的实际情况编制，并应符合相关法规、规程、标准的要求。专项施工方案应由本单位技术、安全、设备等部门审核，技术负责人审批后，经监理单位批准实施。

（8）塔式起重机安装前应编制专项施工方案，内容包括：工程概况，安装位置平面和立面图，所选用的塔式起重机型号及性能技术参数，基础和附着装置的设置，爬升工况及附着节点详图，安装顺序和安全质量要求，主要安装部件的重量和吊点位置，安装辅助设备的型号、性能及布置位置，电源的设置，施工人员配置，吊索具和专用工具的配备，安装工艺程序，安全装置的调试，重大危险源和安全技术措施，应急预案等。

（9）塔式起重机拆卸专项方案应包括：工程概况，塔式起重机位置的平面和立面图，拆卸顺序，部件的质量和吊点位置，拆卸辅助设备的型号、性能及布置位置，电源的设置，施工人员配置，吊索具和专用工具的配备，重大危险源和安全技术措施，应急预案等。

（10）当多台塔式起重机在同一施工现场交叉作业时，应编制专项方案，并应采取防碰撞的安全措施。任意两台塔式起重机之间的最小架设距离应符合下列规定：低位塔式起重机的

起重臂端部与另一台塔式起重机的塔身之间的距离不得小于 2 m;高位塔式起重机的最低位置的部件(吊钩升至最高点或平衡重的最低部位)与低位塔式起重机中处于最高位置部件之间的垂直距离不得小于 2 m。

(11)塔式起重机与架空输电线的安全距离应符合现行国家标准《塔式起重机安全规程》(GB 5144)的规定(见表 2-5)。

表 2-5　塔式起重机与架空输电线的安全距离

安全距离	电压/kV				
	<1	1~15	20~40	60~110	>220
沿垂直方向/m	1.5	3.0	4.0	5.0	6.0
沿水平方向/m	1.0	1.5	2.0	4.0	6.0

(12)塔式起重机在安装前和使用过程中,应按相关规定进行检查,发现有下列情况之一的,不得安装和使用:结构件上有可见裂纹和严重锈蚀的;主要受力构件存在塑性变形的;连接件存在严重磨损和塑性变形的;钢丝绳达到报废标准的;安全装置不齐全或失效的。

(13)在塔式起重机的安装、使用及拆卸阶段,进入现场的作业人员必须佩戴安全帽、穿防滑鞋、系安全带等防护用品,无关人员严禁进入作业区域。在安装、拆卸作业期间,应设立警戒区。

(14)塔式起重机在使用时,起重臂和吊物下方严禁有人员停留;物件吊运时,严禁从人员上方通过。

(15)严禁用塔式起重机载运人员。

(16)安装前应根据专项施工方案,对塔式起重机基础的下列项目进行检查,确认合格后方可实施:基础的位置、标高、尺寸;基础的隐蔽工程验收记录和混凝土强度报告等相关资料;安装辅助设备的基础、地基承载力、预埋件等;基础的排水措施。

(17)安装作业应根据专项施工方案要求实施。安装作业人员应分工明确、职责清楚。安装前应对安装作业人员进行安全技术交底,交底人和被交底人双方应在交底书上签字,专职安全员应监督整个交底过程。

(18)安装辅助设备就位后,应对其机械和安全性能进行检验,合格后方可作业。

(19)安装所使用的钢丝绳、卡环、吊钩和辅助支架等起重机具均应符合规定,并应经检查合格后方可使用。

(20)安装作业中应统一指挥,明确指挥信号。当视线受阻、距离过远时,应采用对讲机或多级指挥。

(21)自升式塔式起重机的顶升加节,应符合下列要求:顶升系统必须完好;结构件必须完好;顶升前,塔式起重机下支座与顶升套架应可靠连接;顶升前,应确保顶升横梁搁置正确;顶升前,应将塔式起重机配平;顶升过程中,应确保塔式起重机的平衡;顶升加节的顺序,应符合产品说明书的规定;顶升过程中,不应进行起升、回转、变幅等操作;顶升结束后,应将标准节与回转下支座可靠连接;塔式起重机加节后须进行附着的,应按照先装附着装置、后顶升加节的顺序进行,附着装置的位置和支撑点的强度应符合要求。

（22）塔式起重机的独立高度、悬臂高度应符合产品说明书的要求。

（23）雨雪、浓雾天严禁进行安装作业。安装时塔式起重机最大高度处的风速应符合产品说明书的要求，且风速不得超过 12 m/s。

（24）塔式起重机不宜在夜间进行安装作业；特殊情况下，必须在夜间进行塔式起重机安装和拆卸作业时，应保证提供足够的照明。

（25）在特殊情况下，当安装作业不能连续进行时，必须将已安装的部位固定牢靠并达到安全状态，经检查确认无隐患后，方可停止作业。

（26）电气设备应按产品说明书的要求进行安装，安装所用的电源线路应符合现行行业标准《施工现场临时用电安全技术规范》（JGJ 46）的要求。

（27）塔式起重机的安全装置必须齐全，并应按程序进行调试合格。

（28）联接件及其防松防脱件应符合规定要求，严禁用其他代用品替代。连接件及其防松防脱件应使用力矩扳手或专用工具紧固连接螺栓，使预紧力矩达到规定要求。

（29）安装完毕后，应及时清理施工现场的辅助用具和杂物。

（30）安装单位应对安装质量进行自检，安装单位自检合格后，应委托有相应资质的检验检测机构进行检测。检验检测机构应出具检测报告书。安装质量的自检报告书和检测报告书应存入设备档案。经自检、检测合格后，应由总承包单位组织出租、安装、使用、监理等单位进行验收，合格后方可使用。

（31）塔式起重机停用 6 个月以上的，在复工前应由总承包单位组织有关单位按规定重新进行验收，合格后方可使用。

2.塔式起重机的使用

（1）塔式起重机司机、信号工、司索工等操作人员应取得特种作业人员资格证书，严禁无证上岗。

（2）塔式起重机使用前，应对司机、信号工、司索工等作业人员进行安全技术交底。

（3）塔式起重机的力矩限制器、质量限制器、变幅限位器、行走限位器、高度限位器等安全保护装置不得随意调整和拆除，严禁用限位装置代替操纵机构。

（4）塔式起重机回转、变幅、行走、起吊动作前应有警示动作。起吊时应统一指挥，明确指挥信号；当指挥信号不清楚时，不得起吊。

（5）塔式起重机起吊前，当吊物与地面或其他物件之间存在吸附力或摩擦力而未采取处理措施时，不得起吊。

（6）塔式起重机起吊前，应对安全装置进行检查，确认合格后方可起吊；安全装置失灵时，不得起吊。

（7）塔式起重机起吊前，应按要求对吊具与索具进行检查，确认合格后方可起吊；吊具与索具不符合相关规定的，不得用于起吊作业。

（8）作业中遇突发故障，应采取措施将吊物降落到安全地点，严禁吊物长时间悬挂在空中。

（9）遇有风速在 12 m/s 及以上的大风或大雨、大雪、大雾等恶劣天气时，应停止作业。雨雪过后，应先经过试吊，确认制动器灵敏可靠后方可进行作业。夜间施工应有足够照明，照明的安装应符合现行国家标准《施工现场临时用电安全技术规范》（JGJ 46）的要求。

（10）塔式起重机不得起吊质量超过额定载荷的吊物，并不得起吊质量不明的吊物。

（11）在吊物荷载达到额定载荷的90%时，应先将吊物吊离地面200～500 mm后，检查机械状况、制动性能、物件绑扎情况等，确认无误后方可起吊。对晃动的物件，必须拴拉溜绳使之稳固。

（12）物件起吊时应绑扎牢固，不得在吊物上堆放或悬挂其他物件；零星材料起吊时，必须用吊笼或钢丝绳绑扎牢固。当吊物上站人时不得起吊。

（13）标有绑扎位置或记号的物件，应按标明位置绑扎。钢丝绳与物件的夹角宜为45°～60°，且不得小于30°。吊索与吊物棱角之间应有防护措施；未采取防护措施的，不得起吊。

（14）起吊作业完毕后，应松开回转制动器，各部件应置于非工作状态，控制开关应置于零位，并应切断总电源。

（15）行走式塔式起重机停止作业时，应锁紧夹轨器。

（16）塔式起重机使用高度超过30 m时应配置障碍灯，起重臂根部铰点高度超过50 m时应配备风速仪。

（17）严禁在塔式起重机塔身上附加广告牌或其他标语牌。

（18）每班作业应作好例行保养，并应作好记录。记录的主要内容应包括结构件外观、安全装置、传动机构、连接件、制动器、索具、夹具、吊钩、滑轮、钢丝绳、液位、油位、油压、电源、电压等。

（19）实行多班作业的设备，应执行交接班制度，认真填写交接班记录，接班司机经检查确认无误后，方可开机作业。

（20）塔式起重机应实施各级保养。转场时，应作转场保养，并有记录。

（21）塔式起重机的主要部件和安全装置等应进行经常性检查，每月不得少于一次，并应留有记录，发现有安全隐患时应及时进行整改。

（22）当塔式起重机使用周期超过一年时，应进行一次全面检查，合格后方可继续使用。

（23）使用过程中塔式起重机发生故障时，应及时维修，维修期间应停止作业。

3.塔式起重机的拆卸

（1）塔式起重机拆卸作业宜连续进行；当遇特殊情况，拆卸作业不能继续时，应采取措施保证塔式起重机处于安全状态。

（2）当用于拆卸作业的辅助起重设备设置在建筑物上时，应明确设置位置、锚固方法，并应对辅助起重设备的安全性及建筑物的承载能力等进行验算。

（3）拆卸前应检查主要结构件、连接件、电气系统、起升机构、回转机构、变幅机构、顶升机构等。发现隐患应采取措施，解决后方可进行拆卸作业。

（4）附着式塔式起重机应明确附着装置的拆卸顺序和方法。

（5）自升式塔式起重机每次降节前应检查顶升系统和附着装置的连接等，确认完好后方可进行作业。

（6）拆卸时，应先降节后拆除附着装置。塔式起重机的自由端高度应符合规定要求。

（7）拆卸完毕后，为塔式起重机拆卸作业而设置的所有设施应拆除，清理场地上作业时所用的吊索具、工具等各种零配件和杂物。

拓展与提高

吊索具的使用

1.一般规定

塔式起重机安装、使用、拆卸时,所使用的起重机具应符合相关规定。起重吊具、索具应符合下列要求:吊具与索具产品应符合现行国家标准《起重机械吊具与索具安全规程》(LD 48)的规定;吊具与索具应与吊重种类、吊运具体要求以及环境条件相适应;作业前应对吊具与索具进行检查,当确认完好时方可投入使用;吊具承载时不得超过额定起重量,吊索(含各分支)不得超过安全工作载荷;塔式起重机吊钩的吊点应与所吊重物的重心在同一条铅垂线上,使所吊重物处于稳定平衡状态。对新购置或修复的吊具、索具应进行检查,确认合格后方可使用。吊具、索具在每次使用前应进行检查,经检查确认符合要求的,方可继续使用。当发现有缺陷时,应停止使用。吊具与索具每半年应进行定期检查,并应作好记录。检验记录应作为继续使用、维修或报废的依据。

2.钢丝绳

(1)钢丝绳作吊索时,其安全系数不得小于6倍。

(2)钢丝绳的报废应符合现行国家标准《起重机用钢丝绳检验和报废实用规范》(GB/T 5972)的规定。

(3)当钢丝绳的端部采用编结固接时,编结部分的长度不得小于钢丝绳直径的20倍,并不应小于300 mm,插接绳股应拉紧,凸出部分应光滑平整,且应在插接末尾留出适当长度,用金属丝扎牢,钢丝绳插接方法宜按现行行业标准《起重机械吊具与索具安全规程》(LD 48)的要求。用其他方法插接的,应保证其插接连接强度不小于当采用绳夹固接时的强度(根据《起重机设计规范》(GB/T 3811—2008,该绳最小破断拉力的75%))。钢丝绳吊索固接应满足表2-6的要求。

表2-6　不同钢丝绳直径的绳夹最少数量

钢丝绳直径/mm	≤19	19~32	32~38	38~44	44~60
绳卡数	3	4	5	6	7

注:钢丝绳绳卡座应在钢丝绳长头一边;钢丝绳绳卡的间距不应小于钢丝绳直径的6倍。

(4)绳夹压板应在钢丝绳受力绳一边,绳夹间距A不应小于钢丝绳直径的6倍(见图2-22):

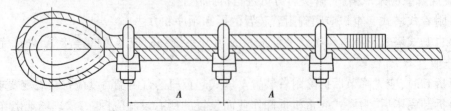

图2-22　钢丝绳夹的正确布置方法

(5)吊索必须由整根钢丝绳制成,中间不得有接头;环形吊索只允许有一处接头。

(6)采用两点吊或多点吊时,吊索数宜与吊点数相符,且各根吊索的材质、结构尺寸、索眼端部固定连接、端部配件等性能应相同。

(7)钢丝绳严禁采用打结方式系结吊物。

(8)当吊索弯折曲率半径小于钢丝绳公称直径的2倍时,应采用卸扣将吊索与吊点拴接。

(9)卸扣应无明显变形、可见裂纹和弧焊痕迹。销轴螺纹应无损伤现象。

3.吊钩与滑轮

(1)吊钩应符合现行行业标准《起重机械吊具与索具安全规程》(LD 48)中的相关规定。

(2)吊钩禁止补焊,有下列情况之一的应予以报废:表面有裂纹;挂绳处截面磨损量超过原高度的10%;钩尾和螺纹部分等危险截面及钩筋有永久性变形;开口度比原尺寸增加15%;钩身的扭转角超过10°。

(3)滑轮的最小绕卷直径,应符合现行国家标准《塔式起重机设计规范》(GB/T 13752—2016)的相关规定。

(4)滑轮有下列情况之一的应予以报废:裂纹或轮缘破损;轮槽不均匀磨损达3 mm;滑轮绳槽壁厚磨损量达原壁厚的20%;铸造滑轮槽底磨损达钢丝绳原直径的30%;焊接滑轮槽底磨损达钢丝绳原直径的15%。

(5)滑轮、卷筒均应设有钢丝绳防脱装置;吊钩应设有钢丝绳防脱钩装置。

思考与练习

(一)单项选择题(下列各题中,只有一个最符合题意,请将其编号填写在括号内)

1.当建筑物高度超过(　　)m 时,施工升降机地面通道上方应搭设双层防护棚。

A.8　　　　　　　　B.12　　　　　　　　C.15　　　　　　　　D.24

2.施工升降机在使用期间,使用单位应(　　)组织专业技术人员按规定对其进行检查,并对检查结果进行记录。

A.每天　　　　　　B.每周　　　　　　C.每月　　　　　　D.每季度

3.塔式起重机的主要部件和安全装置等应进行经常性检查,每月不得少于(　　),并应留有记录,发现有安全隐患时应及时进行整改。

A.1次　　　　　　B.2次　　　　　　C.3次　　　　　　D.4次

4.塔式起重机在吊物荷载达到额定载荷的(　　)时,应先将吊物吊离地面200～500 mm后,检查机械状况、制动性能、物件绑扎情况等,确认无误后方可起吊。

A.70%　　　　　　B.80%　　　　　　C.90%　　　　　　D.95%

5.可承担各类起重设备的安装与拆卸的起重设备安装工程专业承包企业资质为（　　）。

A.一级　　　　　　B.二级　　　　　　C.三级　　　　　　D.四级

（二）多项选择题（下列各题中,至少有两个答案符合题意,请将其编号填写在括号内）

1.施工升降机械安装时,（　　）等应进行现场监督。

A.项目经理　　　　　　　　　　　B.安装单位的专业技术人员

C.监理工程师　　　　　　　　　　D.专职安全生产管理人员

E.设计单位技术负责人

2.塔式起重机使用前,应对（　　）等作业人员进行安全技术交底。

A.起重司机　　　　B.起重信号工　　　　C.电焊工　　　　D.司索工

E.锅炉工

3.当遇（　　）时,不得使用施工升降机。

A.大雨　　　　　　　　　　　　　B.大雪

C.大雾　　　　　　　　　　　　　D.施工升降机顶部风速大于20 m/s

E.导轨架、电缆表面结有冰层

4.龙门架的安全检查包括（　　）。

A.使用前的检查　　B.定期检查　　C.日常检查　　D.使用后的检查

E.抽查

5.使用起重机时应与起重机操作人员密切配合,必须做到"十个不准吊",下列属于"十个不准吊"的是（　　）。

A.指挥信号不明　　B.吊物上站人或有浮置物　　C.危险物品

D.违章指挥　　　　E.棱角未保护

（三）判断题（请在你认为正确的题后括号内打"√",错误的题后括号内打"×"）

1.选用的钢丝绳、链条等吊索具长度必须符合要求,挂吊物体时,吊索具与所吊物体的夹角要适当,不宜过小。　　　　　　　　　　　　　　　　　　　　（　　）

2.施工升降机安装作业时必须将按钮盒或操作盒移至吊笼顶部操作。（　　）

3.固定卷扬机的锚杆应牢固可靠,不得以树木、电杆代替锚桩。　　（　　）

4.提升机应由设备部门统一管理,不得对卷扬机和架体分开管理。　（　　）

5.当塔式起重机使用周期超过一年时,应进行一次全面检查,合格后方可继续使用。

（　　）

任务四　掌握建筑施工机械安全技术

任务描述与分析

建设施工机械是现代建筑工程施工中实现施工机械化、自动化,减轻繁重体力劳动,提高劳动生产率的重要设备。随着我国改革开放的不断深入,能源、交通和各项基础设施建设步伐的加快,建筑机械的使用越来越频繁。这些机械在使用过程中如果管理不严、操作不当,极易发生伤害事故。机械伤害已成为建筑行业"五大伤害"之一。因此,现场施工人员掌握一定的施工机械安全技术知识对预防和控制伤害事故的发生非常必要。本任务的具体要求:掌握土方工程机械、混凝土工程机械、钢筋加工机械安全技术的基本知识;具备运用各种建筑施工机械安全技术基本知识指导施工机械管理和使用的基本技能。

 知识与技能

(一)土方工程机械安全技术

1.压路机的安全操作技术

(1)在新开道路上进行碾压时,应从中间向两侧碾压,不要太靠近路基边缘,以防塌方。

(2)上坡与下坡时,应事先选好挡位,禁止在坡上换挡与滑行。

(3)修筑山区道路时,必须由里侧压向外侧,碾压下一行时,需重叠上一半个轮以上的长度。

(4)禁止用牵引法强制发动内燃机,不要用压路机拖其他机械或物体。

(5)前后滚轮的刮泥板应经常检查与清理,保持刮泥板平整与良好。

(6)压路机滚轮如要填充黄沙增加质量时,应用干黄沙;在冬季不得用水增重,以防冻裂滚轮。

(7)如新填路基松软时,必须先用羊足碾或用打夯机逐层碾压夯实后才能用压路机碾压。

(8)两台以上压路机在平道上行驶或碾压时,其间距要保持在3 m以上,坡道上禁止纵队行驶或"溜坡",以免发生事故。

(9)机械发生故障需检修时,必须将发动机熄火,用制动器制动并用三角木对称楔紧滚轮。

(10)使用胶轮压路机时,应注意保持轮胎的正常气压,并注意是否有石块夹在轮胎之间。

(11)压路机应在不影响交通处停放,停放在平坦地,不准停放在斜坡上。如必须在斜坡上停放,须事先打好木桩,以防溜滑。冬季停车过夜必须用木板将滚轮垫离地面,防止与地面冻结在一起。

(12)振动压路机严禁在坚实道路上进行振动,以免造成机件损伤。

(13)振动压路机的起振或停振应在行驶中进行,以免损坏被压路面的平整。

2.平地机的安全操作技术

(1)作业前必须将离合器、操纵杆、变速杆均放在空挡位置,检查并紧固各部件连接螺栓及轮胎气压,确认油、水(电瓶水)已加足,全车线路各接头应牢固,液压系统油路、油缸、操纵阀等无泄漏、松脱现象,然后发动机器低速运转,各仪表均正常方可启动作业。

(2)机械起步前,应先将刮土铲刀或齿耙下降到接近地面,起步后方可切土。

(3)在陡坡上作业时应锁定铰接机架;在陡坡上往返作业时,铲刀应始终朝下坡方向伸出。

(4)平地机在行驶中,刮刀和耙齿离地面高度宜为25~30 cm,随着铲土阻力变化,应随时调整刮土铲刀的升降。

(5)平地机刮地铲刀的回转与铲土角的调整以及向机外倾斜都必须停机时进行;各类铲刮作业都应低速行驶;换挡应在停机时进行;遇到坚硬土质,需要用齿耙翻松时,应缓慢下齿,不得使用齿耙翻松石渣路及坚硬路面。

(6)平地机转弯或调头时,应用最低速度。下坡时严禁空挡滑行,行驶时必须将刮刀和齿耙升到最高位置,并将刮土铲刀斜放,铲刀两端不得超出后轮外侧。在高速挡行驶中,禁止急转弯。

(7)作业后平地机应停放在平坦、安全的地方,并应拉上手制动器,不得停放在坑洼积水处。

(8)按要求填写日常运转记录及加换油记录。

3.挖掘机的安全操作技术

(1)作业前应进行检查,确认一切齐全完好,大臂和铲斗运动范围内无障碍物和其他人员,鸣笛示警后方可作业。

(2)挖掘机驾驶室内的外露传动部分必须安装防护罩。

(3)电动的单斗挖掘机必须接地良好,油压传动的臂杆的油路和油缸确认完好。

(4)正铲作业时,作业面应不超过本机性能规定的最大开挖高度和深度。在拉铲或反铲作业时,挖掘机履带或轮胎与作业面边缘距离不得小于1.5 m。

(5)挖掘机在平地上作业,应用制动器将履带(或轮胎)刹住、搂牢。

(6)挖掘机适用于在黏土、沙砾土、泥炭岩等土壤的铲挖作业,对爆破掘松后的重岩石内铲挖作业时,只允许用正铲,岩石料径应小于斗口宽的1/2;禁止用挖掘机的任何部位去破碎石块、冻土等。

(7)取土、卸土不得有障碍物,在挖掘时任何人不得在铲斗作业回转半径范围内停留;装车作业时,应待运输车辆停稳后进行,铲斗应尽量放低,并不得砸撞车辆,严禁车厢内有人,严禁铲斗从汽车驾驶室顶上越过;卸土时铲斗应尽量放低,但不得撞击汽车任何部位。

(8)行走时臂杆应与履带平行,并制动回转机构,铲斗离地面宜为1 m;行走坡度不得超过机械允许的最大坡度,下坡用慢速行驶,严禁空挡滑行;转弯不应过急,通过松软地时应进行铺垫加固。

(9)挖掘机回转制动时,应使用回转制动器,不得用转向离合器反转制动。满载时禁止急剧回转猛刹车,作业时铲斗起落不得过猛,下落时不得冲击车架或履带及其他机件,不得放松提升钢丝绳。

(10)作业时,必须待机身停稳后再挖土,铲斗未离开作业面时,不得进行回转行走等动作,机身回转或铲斗承载时不得起落吊臂。

(11)在崖边进行挖掘作业时,作业面不得留有伞沿及松动的大块石;发现有坍塌危险时应立即处理或将挖掘机撤离至安全地带。

(12)拉铲作业时,铲斗满载后不得继续"吃"土,不得超载。

(13)驾驶司机离开操作位置,不论时间长短,必须将铲斗落地并关闭发动机。

(14)不得用铲斗吊运物料。

（15）发现运转异常时应立即停机，排除故障后方可继续作业。

（16）轮胎式挖掘机在斜坡上移动时铲斗应向高坡一边。

（17）使用挖掘机拆除构筑物时，操作人员应分析构筑物倒塌方向，在挖掘机驾驶室与被拆除构筑物之间留有构筑物倒塌的空间。

（18）作业结束后，应将挖掘机开到安全地带，落下铲斗，制动好回转机构，操纵杆放在空挡位置。

4.装载机的安全操作技术

（1）作业前应确认发动机的油、水（包括电瓶水）已加足，各操纵杆放在空挡位置，液压管路及接头无松脱或渗漏，液压油箱油量充足，制动灵敏可靠，灯光仪表齐全、有效方可启动。

（2）机械起动必须先鸣笛，将铲斗提升离地面 50 cm 左右；行驶中可用高速挡，但不得进行升降和翻转铲斗动作；作业时应使用低速挡，铲斗下方严禁有人，严禁用铲斗载人。

（3）装载机不得在有倾斜度的场地上作业，作业区内不得有障碍物及无关人员，装卸作业应在平整地面上进行。

（4）向汽车内卸料时，严禁将铲斗从驾驶室顶上越过，铲斗不得碰撞车厢，严禁车厢内有人，不得用铲斗运物料。

（5）在沟槽边卸料时，必须设专人指挥，装载机前轮应与沟槽边缘保持不少于 2 m 的安全距离，并放置挡木挡掩。

（6）装堆积的沙土时，铲斗宜用低速插入，将斗底置于地面，下降铲臂然后顺着地面，逐渐提高发动机转速向前推进。

（7）在松散不平的场地作业，应把铲臂放在浮动位置，使铲斗平稳作业，如推进时阻力过大，可稍稍提升铲臂。

（8）将大臂升起进行维护、润滑时，必须将大臂支撑稳固，严禁利用铲斗作支撑提升底盘进行维修。

（9）下坡应采用低速挡行进，不得空挡滑行。

（10）涉水后应立即进行连续制动，以排除制动片内的水分。

（11）作业后应将装载机开至安全地区，不得停在坑洼积水处，必须将铲斗平放在地面上，将手柄放在空挡位置，拉好手制动器，关闭门窗加锁后，司机方可离开。

5.推土机的安全操作技术

（1）离合器接合应平稳，起步不得过猛，不要使离合器处于半结合状态下运转。

（2）推土机转向时，拉起转向杆时应一拉到底，放回时迅速；在转急弯时应先拉方向拉杆再踩同侧刹车脚踏板，转向后应先放松刹车脚踏板再放松方向拉杆。

（3）禁止在未经平整或崎岖不平的路上高速行驶，禁止在快速行驶中急刹车和急转弯。

（4）上下坡道前，应先试验制动和转向操纵的可靠性，根据坡道情况，换用低速挡位，在坡道上换挡应将车停稳。

（5）下坡时应压低油门用发动机辅助制动，不准空挡溜放。下坡运行必须注意：转向操纵（不用刹车）应与平地相反，即向右转拉左边方向、向左转拉右边方向拉杆；使用方向操纵杆和脚刹车踏板转向时，操作顺序与平地行驶时相同；推土机下陡坡时，一般采用后退下行，以便观察前方情况，必要时可放下刀片帮助制动。

（6）推土机空车上、下坡运行时，最大坡度不得超过30°；横着斜坡运行，机身倾斜不得超过15°，禁止在陡坡上急转弯及掉头。

（7）摘卸推土刀片时，必须考虑下次挂装的方便，应选择平坦的地方，用木块垫起，卡销、螺丝等要与原安装位置对应，拧固防止丢失。

（8）下坡推土的工作坡度以6°~10°为宜，最大不得超过15°，否则后退爬坡困难。

（9）在陡坡、高坎上向下推溜土方时，不得将履带压到溜土的虚土坡面上，必须用刀送土、以土推土，防止机械溜下陡坡。

（10）地面横坡较陡时，应先将推土机放置平稳后再向前切坡扒土扩展工作面，作业中应保持两侧履带基本水平并都在坚实的地面上。

（11）两台或两台以上推土机并排推土时，两推土刀之间应保持20~30 cm间距，推土前进必须以相同速度直线行驶，后退时应分先后，防止互相碰撞。

（12）推土机横向取土填筑路堤时，上坡送土的坡道应保持1∶6左右，最大不能陡于1∶3。

（13）推土机顶推铲运机作业时，应遵守下列规则：进入助铲位置与顶推中，必须与铲运机保持同一直线行驶；刀片提升高度要适当，避免触及轮胎；顶推时应均匀用力，不得猛撞，防止将铲斗后轮胎顶离地面或使铲头"吃"土过深；铲斗满载提升时应减小推力，待铲斗提离地面后即减速脱离接触；后退时应先看清后方情况，如需绕过正后方驶来的铲运机倒向助铲位置时，一般应从来车的左侧绕行。

（14）用推土机挖除直径30 cm以上大树时，应按以下程序作业：将大树周围树根用推土刀或松土齿切断；在未切根的对面一侧树干旁，推填坡度为1∶5的土堆；推土机停在土堆上抬起推土刀片将树推倒，要提高着力点，防止树身上部倒向推土机；如树干高大、树冠枝叶茂盛，必须先将上部树枝截除一部分，使树冠重心移向被推倒的一侧，以保证安全。

（15）推土机清除断垣残壁时，也应在地面推筑土台，提高着力点，防止被拆除物的上部倒向推土机。

（二）混凝土工程机械安全技术

1.混凝土搅拌机的安全使用要求

（1）混凝土搅拌机作业前，应先启动搅拌机空载运转，确认搅拌筒或叶片旋转方向与筒体上的箭头指示方向一致。对反转出料的搅拌机应使搅拌筒正、反转运转数分钟，并应无冲击抖动现象和异常噪声。

（2）作业前，应进行料斗提升试验，观察并确认离合器、制动器灵活可靠。

（3）应检查并校正供水系统的指示水量与实际水量的一致性；当误差超过2%时，应检查管路的漏水点，或校正截流阀。

（4）应检查骨料规格，并应与搅拌机性能相符，超出许可范围的不得使用。

（5）搅拌机启动后，应使搅拌筒达到正常转速后进行上料，上料时应及时加水。每次加入的拌合料不得超过搅拌机的额定容量并应减少物料黏罐现象，加料的次序应为石子—水泥—砂或砂子—水泥—石子。

（6）进料时，严禁将头或手伸入料斗与机架之间；运转中严禁用手持工具伸入搅拌筒内扒料、出料。

（7）搅拌作业中，当料斗升起时，严禁任何人在料斗下停留或通过；当需要在料斗下检修或清理料坑时，应将料斗提升后用铁链或插销锁住。

（8）向搅拌筒内加料应在运转中进行，添加新料应先将搅拌筒内原有的混凝土全部卸出后方可进行。

（9）作业中，应观察机械运转情况，当有异常或轴承升温过高时应停机检查；当需检修时，应将搅拌筒内的混凝土清除干净，然后再进行检修。

（10）加入强制式搅拌机的骨料最大粒径不得超过允许值，并应防止卡料。每次搅拌时，加入搅拌筒的物料不应超过规定的进料容量。

（11）强制式搅拌机的搅拌叶片与搅拌筒底及侧壁的间隙，应经常检查并确认符合规定，当间隙超过标准时应及时调整，当搅拌叶片磨损超过标准时应及时修补或更换。

（12）严禁无证操作；严禁操作时擅自离开工作岗位。

（13）作业后，应对搅拌机进行全面清理，作好润滑保养，切断电源锁好箱门；当操作人员需进入筒内时，必须固定好料斗，切断电源或卸下熔断器，锁好开关箱，并应有专人在外监护。

（14）作业后，应将料斗降落至坑底；当需升起时，应用链条或插销扣牢。

（15）冬季作业后，应将水泵、放水开关、量水器中的积水排尽。

（16）搅拌机在场内移动或远距离运输时，应将料斗升到上止点，用保险铁链或插销锁住。

2.混凝土输送泵的安全使用要求

（1）电动机部分，按通用操作规程的有关规定执行。

（2）水泥混凝土混合料输送泵（以下简称"输送泵"）离施工工作面应尽可能近。施工现场应有方便、安全、可靠的动力源及气（压缩空气）源，且施工干扰小，环境安全。

（3）了解施工工作面及施工要求，所泵送的混凝土中的水泥品种、水泥用量、骨料级配、水灰比、坍落度等均应符合输送泵的要求。

（4）了解混凝土是否有添加剂。特别注意最大骨料粒径不得大于输送管直径的1/3。

（5）检查电气设备是否完好，各种仪表是否正常；各部位操作开关、按钮、手柄等均应在正确位置。

（6）检查水箱水量，并观察有无油污或浑浊现象，必要时应将浑浊水放掉，重新注满干净水。

（7）检查液压油、润滑油油位、油质、油量，应符合说明书规定的要求。如果是发动机，还应检查其燃油、润滑油和冷却水量。

（8）检查料斗内有无杂物、积渣；网格及搅拌叶片应完好。

（9）检查阀箱内部各部位间隙，超限时应调整；检查各连接部位是否松动。

（10）检查传动链条的松紧度，使之保持在规定的范围内，过紧或过松时应调整。

（11）输送管道的布置要利用地形裁弯取直，尽量减少弯管数量。各管道连接一定要严密。输送管道和输送泵都要支撑稳固，以减少振动。

（12）为了应付可能发生的堵管或其他故障，要准备好各种检修及管道吹洗用具，并安排好相应的组织措施。

（13）在下行斜坡输送时，根据倾斜角采取相应措施，防止混凝土自流导致堵泵和真空造成的气塞现象。

（14）气温低于 0 ℃时，输送管道应采取保温措施，防止结冻。清洗时水应加入相应比例的防冻剂。气温高于 30 ℃时，输送管道应用湿麻袋、湿草袋等遮盖，以延缓混凝土初凝时间。

（15）按要求进行空运转。

（16）向混凝土料斗加入一定量的清水，以洗润料斗、分配阀及输送管道。

（17）向料斗加入一定量的水泥浆，润滑整个输送管道，并观察输送管道有无渗漏现象。

（18）混凝土加入料斗以前，砂浆平面应保留在料斗搅拌轴线以上和混凝土一并泵送。泵送中，混凝土平面应维持在搅拌轴中心线以上，但不超过搅拌轴以上 20 cm 的高度。供料跟不上时，要及时停泵。

（19）随时注意各仪表、指示灯、电机及液压系统工作状况；观察水箱水消耗量及水质污染情况，发现问题及时检查处理。

（20）输送泵和管道发出不正常杂声时，应及时检查处理。

（21）料斗网格上超规格料或其他杂物应及时清除。搅拌轴卡住不转或反向失灵时，要暂停泵送，及时采取措施排出。

（22）泵送过程应尽量连续进行，混凝土应保持匀质。

（23）临时停泵期间，应间隔 10～15 min 作正反泵操作数次，以防管路内混凝土离析。当长时间停泵重新工作时，应先启动搅拌器，再开始泵送。

（24）不得随意向料斗加水，严禁泵送已停放 90 min 以上的混凝土。

（25）发现堵塞等事故后，应及时检查处理。

（26）工作期间，严禁拆卸管道，不得把手伸入阀体操作，不得攀登或骑在输运管道上，不得高空作业。

（27）在输送泵工作中，要按说明书规定，对各润滑点进行润滑。

（28）当泵送工作接近完毕时，应预先估计剩余工作量和管道中混凝土体积，以便停止供料。

（29）作业完毕后按以下顺序停机：先停止泵送，同时给蓄能器蓄压，再关掉动力源。

（30）停泵后，立即清除料斗内和管道中的混凝土，清洗泵机、料斗、阀箱、管道等。在清洗时，人员要远离离排料管口及弯管气接头处，以免发生事故。输送管体拆卸清洗后，应逐件检查是否完好。管段及卡箍等必须堆放整齐，不得乱扔。

（31）清洗泵机外部时，注意不要让水进入电气箱、电磁阀等部位。清洗后把电气箱、机罩外部的水擦干净。

（32）如果泵机几天内不再使用，或在寒冷季节停放，则应将橡胶活塞拆下，放净供水系统中的水；若放出的水比较浑浊，还应冲洗水箱和供水系统，清洗完毕后再把橡胶活塞装回去。

3.混凝土振捣机械的安全使用要求

（1）作业前，检查电源线路有无破损漏电，漏电保护装置应灵活可靠，机具各部位连接应紧固，旋转方向正确。

（2）振捣器不得放在初凝的混凝土、楼板、脚手架、干硬的表面上进行试振。如检修或作业间断时，应切断电源。

（3）插入式振捣器软轴的弯曲半径不得小于 50 cm，并不得多于两个弯；操作时振捣棒应自然垂直地插入混凝土,不得用力硬插、斜推或使用钢筋夹住棒头,也不得全部插入混凝土中。

(4)振捣器应保持清洁,不得有混凝土黏结在电动机外壳上妨碍散热。发现温度过高时,应停歇降温后方可使用。

(5)作业转移时,电动机的电源线应保持有足够的长度和松度,严禁用电源线拖拉振捣器。

(6)电源线路要悬空移动,应注意避免电源线与地面、钢筋相摩擦,并避免车辆的碾压;经常检查电源线的完好情况,发现破损应立即进行处理。

(7)用绳拉平板振捣器时,拉绳应干燥绝缘,移动或转向时不得用脚踢电动机。振捣器与平板应保持紧固,电源线必须固定在平板上,电器开关应装在手把上。

(8)在一个构件上同时使用几台附着式振捣器工作时,所有振捣器的频率必须相同。

(9)操作人员必须穿绝缘胶鞋、戴绝缘手套。

(10)作业后必须切断电源,做好清洁、保养工作。振捣器要放在干燥处,并有防雨措施。

(三)钢筋加工机械安全技术

1.钢筋调直切断机的安全使用要求

(1)料架、料槽应安装平直,对准导向筒、调直筒和下切刀孔的中心线。

(2)用手转动飞轮,检查传动机构和工作装置,调整间隙,紧固螺栓,确认正常后,启动空运转,检查轴承应无异响,齿轮啮合良好,确认运转正常后方可作业。

(3)按调直钢筋的直径,选用合适的调直块、曳引轮槽及传动速度。调直块的孔径应比钢筋直径大2~5 mm,曳引轮槽宽应和所需调直钢筋的直径相符合,传动速度应根据钢筋直径选用,直径大的宜选用慢速,经调试合格,方可送料。

(4)在调直块未固定、防护罩未盖好前不得送料。作业中严禁打开防护罩及调整间隙。

(5)当钢筋送入后,手与曳引轮必须保持一定距离,不得接近。

(6)送料前应将不直的料头切去,导向筒前应装一根1 m长的钢管,钢筋必须先穿过钢管再送入调直前端的导孔内。

(7)作业后,应松开调直筒的调直块并回到原来位置,同时预压弹簧必须回位。

(8)钢筋加工机械以电动机、液压为动力,以卷扬机为辅机时,应按有关规定执行。

(9)机械的安装必须坚实稳固,保持水平位置。固定式机械应有可靠的基础,移动式机械作业时应揳紧行走轮。

(10)室外作业应设置机棚,机棚应有堆放原料、半成品的场地。

(11)加工较长的钢筋时,应有专人帮扶,并听从操作人员指挥,不得任意推拉。

(12)作业后,应堆放好成品,清理场地,切断电源,锁好电闸箱。

2.钢筋切断机的安全使用要求

(1)接送料工作台面应和切刀下部保持水平,工作台的长度可根据加工材料长度决定。

(2)启动前,必须确认刀片安装应正确、切刀应无裂纹、刀架螺栓紧固、防护罩应牢固,然后用手转动皮带轮,检查齿轮啮合间隙,调整切刀间隙,固定刀与活动刀间水平间隙以0.5~1 mm为宜。

(3)启动后,先空运转,检查各传动部分及轴承运转正常后方可作业。

（4）机械未达到正常转速时不得切料，切料时必须使用切刀的中下部位，并将钢筋握紧；应在活动刀向后退时，把钢筋送入刀口，以防钢筋末端摆动或弹出伤人。

（5）不得剪切直径及强度超过机械铭牌规定的钢筋和烧红的钢筋。一次切断多根钢筋时，总截面积应在规定范围内。

（6）剪切低合金钢时，应换高硬度切刀，直径应符合铭牌规定。

（7）切断短料时，手和切刀之间的距离应保持 150 mm 以上，如手握端小于 400 mm 时，应用套管或夹具将钢筋短头压住或夹牢。切刀一端小于 300 mm 时，切断前必须用夹具夹住，防止弹出伤人。

（8）切长钢筋应有专人扶住，操作时动作要一致，不得任意拖拉。

（9）运转中，严禁用手直接清除切刀附近的短头钢筋和杂物。人员不得在钢筋摆动周围和切刀附近停留。

（10）发现机械运转不正常、有异响或切刀歪斜等情况，应立即停机检修。

（11）使用电动液压钢筋切断机时，要先松开放油阀，空载运转几分钟，排掉缸内空气，然后拧紧，并用手扳动钢筋给活动刀以回程压力，即可进行工作。

（12）已切断的钢筋，堆放要整齐，防止切口突出，误踢割伤。

（13）作业后，用钢刷清除切刀间的杂物，进行整机清洁保养。

3.钢筋弯曲机的安全使用要求

（1）工作台和弯曲机台面要保持水平，并准备好各种芯轴及工具。

（2）按加工钢筋的直径和弯曲半径的要求装好芯轴、成型轴、挡铁或可变挡架，芯轴直径应为钢筋直径的 2.5 倍。

（3）检查芯轴、挡块、转盘应无损坏和裂纹，防护罩紧固可靠，经空运转确认正常后，方可作业。

（4）作业时，将钢筋需弯的一头插在转盘固定销，并用手压紧，应注意钢筋放入插头的位置和回转方向，不要弄错方向，确认机身固定销子安在挡住钢筋的一侧后方可开动。

（5）弯曲长钢筋应有专人扶住，并站在钢筋弯曲方向的外面，互相配合，不得在地上拖拉。调头弯曲时，防止碰撞人和物。

（6）机械运转中，严禁更换芯轴、销子和变换角度以及调速等作业，转盘换向、加油和清理必须在停稳后进行。

（7）弯曲钢筋时，严禁超过本机规定的钢筋直径、根数及机械转速。

（8）弯曲高强度或低合金钢筋时，应按机械铭牌规定换算最大限制直径并调换相应的芯轴。

（9）严禁在弯曲钢筋的作业半径内和机身不设固定销的一侧站人。弯曲好的半成品应堆放整齐，弯钩不得朝上。

（10）掌握弯曲机操作人员不准戴手套。

4.钢筋螺纹成型机的安全使用要求

（1）使用机械前，应确认刀具安装正确、连接牢固，各运转部位润滑情况良好，无漏电现象，在空车试运转确认无误后方可作业。

（2）钢筋应先调直再下料。切口端面应与钢筋轴线垂直，不得有马蹄形或挠曲，不得用气割下料。

（3）加工钢筋锥螺纹时,应采用水溶性切削润滑液;当气温低于 0 ℃时,应掺入 15%～20% 亚硝酸钠。不得用机油作润滑液或不加润滑液套丝。

（4）加工时必须确保钢筋夹持牢固。

（5）机械在运转过程中,严禁清扫刀片上面的积屑杂物,发现工况不良应立即停机检查、修理。

（6）对超过机械铭牌规定直径的钢筋严禁进行加工。

（7）作业后应切断电源,用钢刷清除切刀间的杂物,进行整机清洁润滑。

5.钢筋冷挤压连接机的安全使用要求

（1）有下列情况之一时,应对挤压机的挤压力进行标定:新挤压设备使用前;旧挤压设备大修后;油压表受损或强烈振动后;套筒压痕异常且查不出其他原因时;挤压设备使用超过一年;挤压的接头数超过 5 000 个。

（2）设备使用前后的拆装过程中,超高压油管两端的接头及压接钳、换向阀的进出油接头应保持清洁,并应及时用专用防尘帽封好。超高压油管的弯曲半径不得小于 250 mm,扣压接头处不得扭转,且不得有死弯。

（3）挤压机液压系统的使用应符合《建筑机械使用安全技术规程》(JGJ 33—2012)有关规定;高压胶管不得荷重拖拉、弯折和受到尖利物体刻画。

（4）压模、套筒与钢筋应相互配套使用,压模上应有相对应的连接钢筋规格标记。

（5）挤压前的准备工作应符合下列要求:钢筋端头的锈迹、泥沙、油污等杂物应清理干净;钢筋与套筒应先进行试套,当钢筋有马蹄、弯折或纵肋尺寸过大时,应预先进行矫正或用砂轮打磨;不同直径钢筋的套筒不得串用;钢筋端部应画出定位标记与检查标记,定位标记与钢筋端头的距离应为套筒长度的一半,检查标记与定位标记的距离宜为 20 mm;检查挤压设备情况,应进行试压,符合要求后方可作业。

（6）挤压操作应符合下列要求:钢筋挤压连接宜先在地面上挤压一端套筒,在施工作业区插入待接钢筋后再挤压另一端套筒;压接钳就位时,应对准套筒压痕位置的标记,并应与钢筋轴线保持垂直;挤压顺序宜从套筒中部开始,并逐渐向端部挤压;挤压作业人员不得随意改变挤压力、压接道数和挤压顺序。

（7）作业后应收拾好成品、套筒和压模,清理场地,切断电源,锁好开关箱,最后将挤压机和挤压钳放到指定地点。

拓展与提高

木工机械的安全使用

（1）木工机械包括木工锯机、木工刨床、木工铣床、木工钻床、木工榫槽机、木工车床等机械。

（2）木工机械上有可能造成伤害的危险部分必须采取相应的安全措施或设置安全防护装置。

(3) 在加工木材过程中,应使用推木棍或安全夹具,严禁操作者用手直接推木料。

(4) 木工机械采用非全封闭式结构的电机时,必须注意防火,或外加防火隔离罩。

(5) 凡已腐烂、横向有很大的裂口、内嵌有金属的木材,必须进行必要的处理,才能进行加工。

(6) 操作人员在电机停转后,严禁用手或其他物品强行制动木工机械。

(7) 在操作木工机械前应检查,作业区域内地面要平坦干净,木料要堆放安全、可靠、整齐,人行通道应无障碍物、异物,保证安全通畅。

(8) 应检查刀具、锯片是否锋利,有无缺口或裂纹;检查各传动部件有无损坏,紧固件有无松动,并注入适当的润滑油;检查安全装置有无异常或损坏,紧固件是否松动,并确认制动器能否在 10 s 内制动。

(9) 木工机械开机后,待机械达到最高转速后方可进料。进料速度应根据木材材质、有无疤节、裂纹和加工厚度进行控制。选料要稳、慢、直,用力要均匀,不可过猛,防止损坏机具,造成伤害。运转时,严禁对机械进行任何调整。

(10) 凡测量工件尺寸,检查工件平直状况和光滑程度时,必须停车或将工件取下机械后进行。

(11) 操作时,直线运动部件之间或直线运动部件与静止部件之间必须保证安全距离,否则必须采取安全防护措施。

(12) 在操作木工锯机时,操作人员不得站在锯片正面和切线方向,送料和接料的操作人员应相互配合好,送料不可过猛,接料应压住木料,以防回跳。木料夹锯时,必须立即停机,在锯口插入木楔扩大锯路后再继续操作。疤节过多的、长度小于锯片直径的、嵌有金属等坚硬异物的木料,严禁上锯床。锯木料接近尾端时,必须用推杆帮助推进,严禁直接用手推进。锯木确需回退时,要特别注意前段锯木中有无木楔,必须将木楔逐个退尽后方可回退。锯片两侧的杂物,必须用木质物品去清除,严禁直接用手或金属物品清除。

(13) 在操作木工刨床时,凡疤节多的材料、长度小于工作台开口宽度 6 倍的材料、厚 10 mm、宽 20 mm 以下的薄料,禁止在刨床上加工;凡短于 50 cm 的材料、窄于手掌的材料、厚度小于 25 mm 的条料、厚度小于 20 mm 的板料,以及被加工的材料已接近尾端时,如刨床无安全防护装置,必须用推压板推送;厚(高)度小于 100 mm 的木料不得两根以上同时进行加工,厚(高)度大于 100 mm 的木料,几根同时进行加工时其总宽度不得超过 120 mm。当木料的一个面需进行多次加工时,每次加工都应将木料从刨床的前工作台向后工作台推送。严禁将木料从后工作台向前工作台拖回后再进行加工。多面压刨机床只能采用单向开关,不准使用倒顺双向开关,操作时应按顺序开动。进、接料不得戴手套,应站在机床一侧。进料应平直,如有走横或卡住,必须停机调整。遇硬疤节送料速度应减慢,进料时手必须距离滚筒 20 cm 以外,接料必须待料走出台面。长度小于前后压滚距离,厚度小于 1 cm 的材料,不得用压刨机床加工。

(14) 在操作木工铣床时,铣削时进刀不能太深,适当掌握工件的进给速度,严防铣刀或工件损坏甩出。用大型铣刀加工工件时,应适当减低主轴转速和工件进给速度。

（15）在操作木工车床时,在车活前,应仔细检查顶尖是否将工件顶稳、顶牢固,刀头伸出部分不得超出刀体厚度的1.5倍,刀具应紧固。车活走刀时不得过猛。

（16）木工机床在运转30 min左右应切断电源,检查主轴承是否发热,如温度过高必须停止作业,检查排除故障。

（17）用打眼机打眼时必须使用夹料器,不得直接用手扶料,如凿芯被木渣挤塞应立即抬起手把。深度超过凿渣口,要勤拔钻头,清凿渣时禁止用手掏。

（18）严禁非专业人员操作木工机械。

（19）作业完毕应切断电源,检查各紧固件是否牢靠、各传动部位是否温度过高、电器部件是否过热、接线是否牢固,并应将刨花、木屑清扫到房外安全的地方,严禁将刨花、木屑等杂物堆放在暖气及管道旁,严防其自燃。

（20）清扫机械内渣屑时必须切断电源,悬挂警示牌,待机械彻底停稳后再进行清扫,严禁直接用手或脚扒渣屑。

 思考与练习

（一）单项选择题(下列各题中,只有一个最符合题意,请将其编号填写在括号内)

1.两台以上压路机在平道上行驶或碾压时,其间距要保持在(　　)m以上。

A.1　　　　　　　　B.2　　　　　　　　C.3　　　　　　　　D.2.5

2.挖掘机作业前应进行检查,确认一切齐全完好,大臂和铲斗运动范围内无障碍物和其他人员,(　　)后方可作业。

A.检查完毕　　　　B.就位准确　　　　C.试挖正常　　　　D.鸣笛示警

3.推土机下陡坡时,一般采用(　　),以便观察前方情况,必要时可放下刀片帮助制动。

A.前进下行　　　　B.后退下行　　　　C.侧向下行　　　　D.斜向下行

4.操作时振捣棒应(　　)地插入混凝土。

A.自然垂直　　　　B.垂直硬插　　　　C.斜推硬插　　　　D.自然斜推

5.钢筋调直送料前应将不直的料头切去,导向筒前应装一根(　　)m长的钢管,钢筋必须先穿过钢管再送入调直前端的导孔内。

A.0.3　　　　　　　B.0.5　　　　　　　C.0.8　　　　　　　D.1

（二）多项选择题(下列各题中,至少有两个答案符合题意,请将其编号填写在括号内)

1.挖掘机适用于(　　)等土壤的铲挖作业。

A.黏土　　　　　　B.沙砾土　　　　　C.泥炭岩　　　　D.坚石　　　E.特坚石

2.推土机顶推铲运机作业时,应遵守下列规则(　　)。

A.进入助铲位置与顶推中,必须与铲运机保持同一直线行驶

B.铲斗满载提升时应减小推力,待铲斗提离地面后即减速脱离接触

C.刀片提升高度要适当,避免触及轮胎

D.顶推时应均匀用力,不得猛撞,防止将铲斗后轮胎顶离地面或使铲头"吃"土过深

E.后退时,应先看清后方情况,如需绕过正后方驶来的铲运机倒向助铲位置时,一般应从来车的左侧绕行

3.钢筋冷挤压连接机挤压操作应符合( )。

A.挤压顺序宜从套筒中部开始,并逐渐向端部挤压

B.压接钳就位时,应对准套筒压痕位置的标记,并应与钢筋轴线保持垂直

C.检查挤压设备情况,应进行试压,符合要求后方可作业

D.钢筋挤压连接宜先在地面上挤压一端套筒,在施工作业区插入待接钢筋后再挤压另一端套筒

E.挤压作业人员不得随意改变挤压力、压接道数和挤压顺序

(三)判断题(请在你认为正确的题后括号内打"√",错误的题后括号内打"×")

1.压路机滚轮如要填充黄沙增加质量时,应用干黄沙,在冬季可采用水增重。 ( )

2.装载机下坡应采用低速挡行进,不得空挡滑行。 ( )

3.混凝土搅拌机作业前,应先启动搅拌机空载运转。 ( )

4.使用电动液压钢筋切断机时,要先松开放油阀,空载运转几分钟,排掉缸内空气,然后拧紧,并用手扳动钢筋给活动刀以回程压力,即可进行工作。 ( )

5.钢筋弯曲机操作人员不准戴手套。 ( )

任务五 了解特种施工安全技术

任务描述与分析

随着社会的不断进步、科技日新月异、施工技术和施工方法的不断更新、新的施工工艺的不断出现,施工安全技术也在不断地发展和变化。同时,一些特种施工也随之出现,这些特殊工程的施工安全技术更需要我们去关注和重视,以免在工程施工中发生重大安全事故。本任务的具体要求:了解爆破工程安全技术,了解盾构法施工安全技术,掌握土石方工程安全技术,掌握建筑深基坑工程安全技术等基本知识;并能运用这些知识进行施工现场安全管理。

知识与技能

(一)爆破工程安全技术

1.爆破工程安全的基本规定

(1)各种爆破作业必须使用符合国家标准和部颁标准的爆破器材。

(2)在爆破工程中推广应用爆破新技术、新工艺、新器材和仪表,必须经主管部门鉴定批准后方可使用。

(3)爆破施工中必须执行"一炮三检"制度,即装药前检查、装药后检查、爆破后检查。

（4）进行爆破作业，必须设有爆破负责人、爆破工程技术人员、爆破组长、爆破员和爆破器材负责人，各爆破组长负责各种爆破工作。

（5）凡从事爆破作业的人员，必须经过特种作业培训，考试合格并持有《特种作业资格证》，方可从事爆破作业。

（6）取得《特种作业资格证》的新爆破员，应在有经验的爆破员指导3个月后，方可独立从事爆破作业；爆破员从事新的爆破工作，必须经过专门的训练。

（7）爆破工程技术人员要根据地质结构，在确保周围环境安全的情况下，设计爆破方案，确定爆破参数（孔深、孔距、排距、起爆顺序及方向），并负责指导实施，负责爆破质量。

（8）爆破员要按照爆破指令单和爆破设计规定进行爆破作业，严格遵守爆破安全规程。

（9）爆破前要对爆区周围的自然条件和环境状况进行调查，了解危及安全环境的不利因素，采取必要的安全防范措施。

（10）装炮前检查周围环境是否有明火及其他不安全因素，装炮时必须佩戴安全帽，并清退无关人员。

（11）爆破装药现场不应用明火照明，爆破装药用电灯照明时，在离爆破器材20 m以外可装220 V照明器材，在作业现场或硐室内使用电压不高于36 V的照明器材。

（12）爆破前必须明确规定安全警戒线，制订统一的爆破时间和信号，并在指定的地点设安全哨，待施工人员、行人和车辆等全部避入安全区后方可起爆，警报解除后方可放行。炮工的隐蔽场所必须安全可靠，道路必须畅通。

（13）所有爆破器材的加工和爆破作业的人员，不应穿戴能产生静电的衣物。

（14）人工装药应用木质或竹制的炮棍；用装药器装药时，装药器必须符合要求。

（15）起爆网络严格按照设计进行连接。敷设起爆网络应由有经验的爆破员或爆破技术人员实施并实行双人作业。

（16）爆破后，爆破负责人带领爆破员亲自对爆破作业区进行全面认真的检查，发现哑炮及时清理，因特殊情况不能处理的，须在其附近设警戒人员看守，并设明显标志。确认作业现场安全的情况下方可发出解除警戒，施工人员及机具方可进入现场。

（17）爆破结束后，必须将剩余的爆破器材如数及时交回爆破器材库。

（18）每次爆破后都要对现场进行检查并填写爆破记录。

（19）进行爆破作业时，由爆破负责人统一协调指挥、调动有关人员，对违反规定和公司劳动纪律、不服从管理的人员有权进行处罚。

（20）爆破负责人遇到特殊、重大情况时要逐级上报，尤其对涉及安全、危及公司利益的问题隐瞒不报的，要严肃处理。

（21）爆破员要认真学习有关爆破理论知识，相互交流学习、总结经验，共同提高业务水平。

（22）每年度或一个较大的爆破工程结束后，爆破工程技术人员应提交爆破总结。

（23）爆破记录和爆破总结应整理归档。

2.处理盲炮的安全技术

（1）进行盲炮处理时，非爆破人员和无关人员应在警戒线外。

（2）严禁用手去掏或拉出起爆药包。

（3）电力起爆发生盲炮时，必须立即切断电源，将爆破网路断路。

（4）处理裸露爆破的盲炮，可以用手轻轻地扒去封泥，重新安置起爆药包后再加上封泥。

（5）各班出现的盲炮，必须当班处理，当班未处理或者未处理完的，应将情况（盲炮的数目、炮眼方向、装药数量和起爆药包位置、采用的处理方法和意见等）在现场交接清楚，由下一班继续处理。

（6）经检查确认炮孔的起爆线路完好的，可重新起爆。

（7）在距离浅盲炮孔 0.3~0.5 m 处，打一平行炮孔，再装药爆破。

（8）利用木制、竹制或有色金属制成的掏勺，小心地将炮泥掏出，装起爆药包爆破，还可采用聚能穴药包诱爆盲炮。

（9）如果炮孔中为粉状硝铵类炸药，而堵塞物又松散，可用低水压冲洗，稀释炮泥和炸药，最后取出雷管。

（二）盾构法施工安全技术

1.盾构法施工安全的基本规定

（1）安全工作必须实行群众监督机制，充分发挥群众安全监督的作用。每一位职工都有权制止任何人违章作业，并拒绝任何人违章指挥，对威胁生命安全和有毒、有害的工作地点，职工有权立即停止工作，撤到安全地点；危险地点没有得到处理不能保证人员安全时，有权拒绝工作。

（2）所有现场施工人员，必须戴安全帽，进入隧道作业人员严禁喝酒、吸烟。

（3）隧道施工必须具备下列资料：隧道工程设计的全套图纸资料和工程技术要求文件、隧道沿线详细的工程地质和水文地质勘察报告、施工沿线地表环境调查报告、地下各种障碍物调查报告。

（4）隧道工程所使用的材料或制品等应符合设计要求。

（5）针对盾构法施工在特定的地质条件和作业条件下可能遇到的风险问题，施工前必须仔细研究并制订防止发生灾害的安全措施。必须特别注意预防的灾害有瓦斯爆炸、火灾、缺氧、有害气体中毒和潜涵病等；必须预先制订和落实发生紧急事故时的应急对策和措施。

2.盾构法施工安全准备

（1）应根据隧道功能、隧道内衬、埋深、穿越地层、地面建筑物、地下构筑物等条件，进行盾构机造型。

（2）作好环境调查，对下列环境条件调查内容，必须实地勘察核实。

①土地使用情况：根据报告和附图，实地勘察土地及江河湖海底部利用情况，各种建筑物和构筑物的使用功能、结构形式、基础类型与隧道的相对位置等。

②道路种类及路面交通情况。

③工程用地情况：主要对施工场地及材料堆放场地、弃土场、运土路线等作必要的调查；在河流底下或河流附近建造隧道时必须调查河流断面、水文条件、航运情况、堤坝结构、地质条件、有无水底电缆及沉埋障碍物等。

④施工用电和给排水设施条件。

（3）在地下障碍物调查报告中，对隧道经过地区有无相遇阻碍物或位于施工范围内的各种设施必须进行详细调查。其内容应包括:地下构筑物的结构形式、基础形式及其埋深,以及与隧道的相对位置等;煤气管道、上下水管、电力和通信电缆等位置,管道材质及接头形式,被侵蚀程度,及其与隧道的相对位置等;地下废弃构筑物、管道及临时工程残留物等。

(4)在饱和含水地层进行地下隧道施工时,因其特有的复杂性,必须进行详细的施工勘察,为制订基本施工方法和应变措施提供足够的资料。

(5)盾构施工前应编制施工组织设计。其主要内容应包括:工程及地质概况、盾构掘进施工方法和程序、进出洞等特殊段的技术措施、工程主要质量指标及保证措施、施工安全和文明施工要求、施工进度网络计划、主要施工设备和材料使用计划等。

(6)盾构施工前应由工程技术负责人和生产负责人向施工管理人员、作业班长、盾构司机等进行全面的安全、技术交底。作业班长应向作业人员进行操作交底。

(7)始发井的平面尺寸应满足盾构安装、施工、垂直运输、洞口封门、拆除等施工要求。

(8)接收井的平面尺寸应满足盾构拆卸工作的需要。

(9)始发井和接收井的预留洞口底标高应高于井底底板。

(10)当需采用衬砌背后压装工艺时现场必须设拌浆站。

(11)变、配电间应设有两路电源,且相互切换应迅速、方便、安全。若施工地区无两路电源,必须设有适当容量的自备电源,以供照明及连续使用的施工设备用电。

(12)充电间面积应满足牵引车用电瓶充电周转的需要,并设有电瓶箱的吊装设备,同时地面应作防酸处理。

(13)按施工需要设置料具间及机修间。

(14)垂直运输设施的运输能力应与盾构施工所需的材料、设备供应量相适应。所有的起重机械索具要按安全规程要求定期检查维修与保养。

(15)地面运输设施应合理布局,保证砌块、浆液、轨道、轨枕、各种管材、电瓶等安全、快速地运至井下,并使井下土方等物料及时外运。

(16)为确保盾构施工的安全,必须在各作业点之间设有便捷可靠的通信设备。

3.盾构法施工其他安全技术

盾构工作井应符合安全要求;盾构安装就位与支撑应遵守相关规定;施工排、降水应遵守相关规定;盾构出井、推进、注浆应符合安全要求;砌块运输与拼装应遵守相关安全规定;拆除盾构设备应遵守相关操作规定;砌块连接与防水应遵守相关规定;通风防毒应符合要求。

(三)土石方工程安全技术

1.土石方工程安全技术一般规定

(1)开挖土石方前,应查清施工地区地下埋藏情况,如有无地下管道、电缆设备、文物古迹、危险物以及地下河流、暗泉等情况,并采取相应的安全措施后方可施工。

(2)施工中,如发现与原设计不符或埋有危险品及其他可疑物品时,应立即向领导报告,严禁擅自处理。

(3)在公共场所、居民区或路上开挖沟槽时,应设置护栏或标志,夜间要设置照明和标志灯。

(4)靠近建筑物、设备基础、电杆及各种脚手架附近挖填土石方,要根据土质情况、填挖深度采取防护措施后方可施工。

（5）操作前，对所用的工具，如锹、镐、锤等均应进行检查，确保木柄结实、连接牢靠；否则，必须修好后方可使用。

（6）人工开挖土石方，要保持足够的安全距离。人与人的横向距离不得小于 2 m，纵向距离不得小于 3 m。

（7）开挖土石方要以从上而下顺序放坡进行，以防坍塌伤人。

（8）机械挖土石方时应有专人指挥，挖掘机斗回转范围外 1 m 内严禁站人；挖掘机在高压线下时，挖斗升起高度距高压线不得低于 5 m。

（9）配合正反铲机械的平地、修坡、清底的人员应在机械回转直径以外操作。

（10）压路机碾压土石方时司机应注意周围施工人员的活动情况，避免发生碰撞事故。在碾压高填土时，碾轮不准靠近路边，以免发生陷车、翻车事故。

（11）推土机、铲运机、挖掘机等机械工作完毕后，应停置在安全地点，并将铲刀、铲斗、挖斗放落在地面上。

2.基坑开挖安全技术

（1）基坑开挖的方法顺序以及支撑结构的安设，均应按照施工组织设计中的规定进行。开挖较大较深和地质水文复杂的基坑需要有详细的施工方案，对确保质量和安全有具体措施才能施工。

（2）挖基人员应按照基坑面积大小适当配备，不宜过多，以免被工具碰伤。

（3）基坑深度超过 1.5 m 时，为便于上下，必须挖设专用坡道或铺设跳板，基坑宽度超过 60 cm 的深狭沟槽应设靠梯或软梯，禁止脚踏围墙支撑上下。

（4）开挖基坑时，要根据土壤、水文等情况，认真考虑边坡坡度，以确保边坡在施工中的稳定。一般情况下，不准开挖支撑的垂直壁土质基坑，以免坍塌伤人。

（5）开挖基槽、基坑1.5 m 不加支撑时，应按施工设计方案的具体规定进行（参考表2-7 中的土质和深度进行放坡）。

表 2-7　基坑坑壁坡度表

坑壁土质	坑　壁	坑　坡	
	基坑顶缘	基坑顶缘	基坑顶缘
	无载量	有静载	有动载
砂类土	1∶1	1∶1.25	1∶1.5
碎卵石类土	1∶0.75	1∶1	1∶1.25
轻亚黏土	1∶0.67	1∶0.75	1∶1
亚黏土	1∶0.33	1∶0.5	1∶0.75
极软岩	1∶0.25	1∶0.33	1∶0.67
软质岩	1∶0	1∶0.1	1∶0.25
硬质岩	1∶0	1∶0	1∶0

（6）如施工地区狭小或受其他条件所限，不能按以上规定放坡时，应采取固壁支撑措施。固壁支撑不得使用腐朽、裂纹、伤痕材质脆软等缺陷的材料，板料的厚度不能小于 5 cm，撑木

直径不得小于 10 cm,支撑方法应根据土质和施工具体情况事先作好施工计划。如无规定,可参考表 2-7 中土质和深度情况进行放坡。

(7)基坑附近如有震动较大的机械设备时,应适当加大坡度,加宽台阶或采取支撑措施。

(8)挖土前,必须排除地面积水;开挖过程中,必须随时检查坑壁边坡有无裂缝和塌陷现象,发现问题必须妥善处理后方可施工。在雨季,如在有地下水及流沙地区施工(挖土)时,必须视具体情况增加坡度或加固支撑。

(9)开挖设有支撑的坑基时,支撑的设置既要保证安全又要便于施工。在挖松散土时,必须从地面开始设置支撑。

(10)设置基坑支撑时,基坑顶层撑板应高出坑槽地面 10 cm,以防土石回落伤人。

(11)挖基础工程中所设置的各种围堰和基坑支撑,其结构必须牢固可靠,并经常进行检查。如有漏洞、松动、变形等情况,必须及时加固,以免毁损伤人。

(12)拆除基坑内支撑时,应配合回填土由下而上逐步进行,每次同时拆除的横支撑在垂直方向上不准超过两根,并严禁在正拆除的支撑上操作。

(13)基坑周围为松软或不稳定的土壤时,基坑内的横撑应逐根拆除,必要时还需加设新横撑,在新横撑没装前不准拆除旧横撑。

(14)进行挖基工作时,不得将工具、材料从坑顶向坑内抛掷。

(15)开挖基坑的人员不得在坑壁下休息。

(四)建筑深基坑工程安全技术

1.深基坑工程施工安全技术的基本规定

(1)建筑深基坑工程施工安全等级划分应按现行国家标准《建筑地基基础设计规范》(GB 50007)规定的地基基础设计等级,结合基坑本体安全、工程桩基与地基施工安全、基坑侧壁土层与荷载条件、环境安全等,按表 2-8 规定划分。

表 2-8 建筑深基坑工程施工安全等级

施工安全等级	划分条件
一级	(1)复杂地质条件及软土地区的 2 层及 2 层以上地下室的基坑工程; (2)开挖深度大于 15 m 的基坑工程; (3)周边环境条件复杂; (4)基坑采用支护结构与主体结构相结合的基坑工程; (5)基坑工程设计使用年限超过 2 年; (6)侧壁为填土或软土场地,因开挖施工可能引起工程桩基发生倾斜、地基隆起等改变桩基、地铁隧道设计性能的工程; (7)基坑侧壁受水浸湿可能性大或基坑工程降水深度大于 6 m 或降水对周边环境有较大影响的工程; (8)地基施工对基坑侧壁土体状态及地基产生挤土效应或超孔隙水压力较严重的工程; (9)具有震动荷载作用且超载大于 50 kPa 的工程; (10)对支护结构变形控制要求严格的工程
二级	《建筑地基基础设计规范》(GB 50007)规定的地基基础设计等级为乙级和丙级的工程

（2）建设单位应进行基坑环境调查，查明周边市政管线现状及渗漏情况，邻近建筑物基础形式、埋深、结构类型、使用状况；相邻区域内正在施工和使用的基坑工程情况；相邻建筑工程打桩振动及重载车辆通行、地铁运行等情况。

（3）施工安全等级为一级的基坑工程设计应按有关国家技术规范要求经过必要的设计计算提出基坑变形与相关管线和建筑物沉降等控制指标；施工安全等级为二级的基坑工程可按《建筑地基基础工程施工质量验收规范》（GB 50202）中二、三级基坑对变形规定的要求执行。

（4）深基坑工程设计与施工组织设计时，应将开挖影响范围内的塔吊荷载等纳入设计计算范围，并应满足现行行业标准中有关塔吊安全技术规定的要求。

（5）对施工安全等级为一级的基坑工程，应进行基坑安全监测方案的评审；对特别需要或特殊条件下的施工安全等级为一级的基坑工程宜进行基坑安全风险评估；对设计文件中明确提出变形控制要求的基坑工程，监测单位应将编制的监测方案经过基坑工程设计单位审查后实施。

（6）建设单位应组织土建设计、基坑工程设计、工程总承包及基坑工程施工与基坑安全监测单位进行图纸会审和技术交底，并应留存记录。

（7）施工单位在基坑工程实施前应进行下列工作：组织所有施工技术人员熟悉设计文件、工程地质与水文地质情况、安全监测方案和相关技术标准，并参与基坑工程图纸会审和技术交底；进行施工现场勘查和环境调查，进一步了解施工现场、基坑影响范围内地下管线、建筑物地基基础情况，必要时制订预先加固方案；掌握支护结构施工与地下水控制、土方开挖、安全监测的重点与难点，明确施工与设计和监测进行配合的义务与责任；按照评审通过的基坑工程设计施工图、基坑工程安全监测方案、施工勘查与环境调查报告等文件，编制基坑工程施工组织设计，并应按照有关规定组织施工开挖方案的专家论证；施工安全等级为一级的基坑工程还应编制施工安全专项方案。

（8）基坑工程施工组织设计应包含以下主要内容：支护结构施工对环境的影响预测及控制措施；降水与排水系统设计；土石方开挖与支护结构、降水配合施工的流程、技术与要求；冬、雨季期间开挖施工，地下管线渗漏等极端条件下的施工安全专项方案；基坑工程安全应急预案；基坑安全使用维护要求与技术措施。

（9）基坑开挖过程中发现地质条件或环境条件与原地质报告、环境调查报告不相符时，应停止施工，及时会同相关设计、勘察单位进行设计验算或设计修改后方可恢复施工。

（10）支护结构施工应采取可靠技术手段减少对主体工程桩、周边保护建筑物、地下设施的影响；支护结构的拆除应符合有关规定。

（11）基坑工程的降水与排水应按有关设计要求严格控制降水深度、出水含砂量，对可能产生管涌和突涌、流土、潜蚀的工程，应考虑技术措施和预案。截水帷幕、降排水、封井处置与维护的具体技术选型和施工安全要求应符合规范规定。

（12）土石方开挖前应制订详细的安全措施，并应对支护结构施工质量进行检验，合格后方可开挖，检验要求应符合规定。

（13）支护结构施工与基坑开挖期间，支护结构达到设计强度要求前，严禁在设计预计的滑裂面范围内堆载；临时土石方的堆放应进行包括自身稳定性、邻近建筑物地基和基坑稳定性验算。

（14）膨胀土、可能发生冻胀的土、高灵敏度土等场地深基坑工程的施工安全应符合《建筑地基基础工程施工质量验收规范》(GB 50202)规定的要求,湿陷性黄土基坑工程应满足《湿陷性黄土地区建筑基坑工程安全技术规程》(JGJ 167)的要求。

(15)基坑工程施工过程中应全面落实信息化施工技术,当安全监测结果达到警报值后,应启动应急预案,组织专家会同基坑设计、监测、监理等单位,进行专门论证,查明原因,采取妥善措施后方可恢复施工。

(16)当施工过程中发生安全事故时,必须采取有效措施。首先确保施工人员及建筑物内人员的生命安全,保护好事故现场,按规定程序立即上报,并及时分析原因,采取有效措施避免再次发生事故。

2.深基坑工程施工应遵守的基本原则

(1)基坑工程现场勘察与环境调查应在已有勘察报告和基坑设计文件的基础上,根据工程条件及可能采用的施工方法、工艺,初步判定需要补充的岩土工程参数及周边条件。

(2)在现场勘察与环境调查之前应取得以下资料:工程勘察报告和基坑工程设计文件,附有坐标和周边已有建(构)筑物的总平面布置图,基坑及周边地下管线,人防工程及其他地下构筑物、障碍物分布图,拟建建(构)筑物相对应±0.000 m的绝对标高、结构类型、荷载情况、基础埋深和地基基础形式及地下结构平面布置图,基坑平面尺寸及场地自然地面标高、坑底标高及其变化情况,当地常用的降水方法和施工资料等。

(3)施工单位应根据环境条件、地质条件、设计文件等基础性资料和相关工程建设标准,结合自身施工经验,针对各级风险工程编制施工安全专项方案,经施工单位技术负责人签字确认后,报监理单位审查。

(4)施工单位应组织对施工安全专项方案的审查,填报施工方案安全性评估表和施工组织合理性评估表,对施工安全专项方案的审查应邀请专家、相关单位和人员参加。

(5)基坑工程施工安全专项方案设计应满足下列要求:应有针对危险源及其特征和安全等级的具体安全技术应对措施;应按照消除、隔离、减弱危险源的顺序选择基坑工程安全技术措施;应采用有可靠依据和科学的分析方法确定安全技术方案的可靠性和可行性;应根据工程施工特点提出安全技术方案实施过程中的控制原则、明确重点监控部位和最低监控指标要求。

(6)应根据施工图设计文件、风险评估结果、周边环境与地质条件、施工工艺设备、施工经验等选择相应的安全分析、安全控制、监测预警、应急处理技术,并进行应急准备。

(7)应根据事故发生的可能性设定报警指标,提出可行的抢险方案和加固措施;对施工现场的临时堆土、塔吊设置,应进行包括稳定性在内的计算复核。

(8)安全专项方案应包括:工程概况、工程地质与水文地质条件、基坑与周边环境安全保护要求、施工方法和主要施工工艺、风险因素分析、工程危险控制重点与难点、监测实施要求、变形控制指标与报警值、施工安全技术措施、应急预案、组织管理措施。

(9)施工单位应根据审查意见修改完善施工安全专项方案,报监理单位审批后方可正式施工,同时报建设单位备案。

(10)基坑工程施工前应根据设计文件,结合现场条件和周边环境保护要求、气候等情况,编制支护结构施工方案。

(11)基坑支护结构施工应与降水、开挖相互协调,各工况和工序应符合设计要求。

(12)基坑支护结构施工与拆除不应影响邻近市政管线、地下设施与周围建(构)筑物等的正常使用,必要时应采取减少环境影响的措施。

(13)支护结构施工应对支护结构自身、已施工的主体结构和邻近道路、市政管线、地下设施、周围建(构)筑物等进行监测,并应根据监测结果及时调整施工方案,采取有效措施减少支护结构施工对基坑及周边环境安全的影响。

(14)施工现场道路布置、材料堆放、车辆行走路线等应符合荷载设计控制要求;当采用设置施工栈桥措施时,应进行施工栈桥的专项设计。

(15)基坑工程施工中,如遇邻近工程进行桩基施工、基坑开挖、边坡工程、盾构顶进、爆破等施工作业,应根据实际情况协商确定相互间合理的施工顺序和方法,必要时应采取措施减少相互影响。

(16)支护结构施工前应进行试验性施工,以评估施工工艺和各项参数对基坑及周边环境的影响程度;必要时应调整参数、工法或反馈修改设计,选择合适的方案,以减少对周边环境的影响。

(17)基坑开挖支护施工导致邻近建筑物不均匀沉降过大时,应采取调整支护体系或施工工艺、施工速度,或设置隔离桩、加固既有建筑地基基础、反压与降水纠偏等措施。

3.深基坑工程施工过程的安全技术

(1)基坑工程地下水控制应根据场地工程地质与水文地质条件、基坑挖深、地下水降深以及环境条件综合确定,宜按工程要求、含水土层性质、周边环境条件等选择明排、真空井点、喷射井点、管井、渗井和辐射井等方法,并可与隔水帷幕和回灌等方法组合使用,并应优先选择对地下水资源影响小的隔水帷幕、自渗降水、回灌等方法。

(2)基坑穿过相对不透水层,且不透水层顶板以上一定深度范围内的地下水通过井点降水不能彻底解决时,应根据需要采取必要的排水处理措施。

(3)管井降水、集水明排应采取措施严格控制出水含砂量,在降水水位稳定后其含砂率(砂的体积∶水的体积)粗砂地层应小于1/50 000、细砂和中砂地层应小于1/20 000。

(4)抽排出的水应进行处理,妥善排出场外,防止倒灌流入基坑。

(5)采用不同地下水控制方式时,可行性或风险性评价应符合下列规定:集水明排方法时,应评价产生流砂、流土、潜蚀、管涌、淘空、塌陷等的风险性;隔水帷幕方法时,应评价隔水帷幕的深度和可能存在的风险;回灌方法时,应评价同层回灌或异层回灌的可能性(采用同层回灌时,回灌井与抽水井的距离可根据含水层的渗透性计算确定);降水方法时,应对引起环境不利影响进行评价,必要时采取有效措施,确保不致因降水引起的沉降对邻近建筑和地下设施造成危害;自渗降水方法时,应评价上层水导入下层水对下层水环境的影响,并按评价结果考虑方法的取舍。

(6)对地下水采取施工降水措施时,应符合下列规定:降水过程中应采取有效措施,防止土颗粒的流失;防止深层承压水引起的流土、管涌和突涌,必要时应降低基坑下含水层中的承压水头;评价抽水造成的地下水资源损失量,结合场地条件提出地下水综合利用方案建议。

(7)应编制晴雨表,安排专人负责收听中长期天气预报,并应根据天气预报实时调整施工进度。雨前要对已挖开未进行支护的侧壁边坡采用防雨布进行覆盖,配备足够多抽水设备,雨后及时排走基坑内积水。

(8)坑外地面沉降、建筑物与地下管线不均匀沉降值或沉降速率超过设计允许值时,应分析查找原因,提出对策。

(9)深基坑土石方开挖宜根据支护形式分别采用无围护结构的放坡开挖、有围护结构无内支撑的基坑开挖以及有围护结构有内支撑的基坑开挖等开挖方式。

(10)深基坑土石方开挖前,应根据该工程基础结构形式、基坑支护形式、基坑深度、地质条件、气候条件、周边环境、施工方法、施工周期和地面荷载等相关资料,确定深基坑土石方开挖安全施工方案。

(11)深基坑土石方开挖的安全施工方案,应综合考虑工程地质与水文地质条件、环境保护要求、场地条件、基坑平面尺寸、开挖深度、支护结构形式、施工方法等因素(临水基坑还应考虑最高水位和潮位等因素)。

(12)基坑开挖必须遵循先设计后施工的原则,应按照分层、分段、分块、对称、均衡、限时的方法,确定开挖顺序。土石方开挖应防止碰撞支护结构。基坑开挖前,支护结构、基坑土体加固、降水等应达到设计和施工要求。

(13)施工道路布置、材料堆放、挖土顺序、挖土方法等应减少对周边环境、支护结构、工程桩等的不利影响。

(14)挖土机械、运输车辆等直接进入基坑进行施工作业时,应采取保证坡道稳定的措施,坡道坡度不宜大于1:8,坡道的宽度应满足车辆行驶的安全要求。

(15)在位于市中心等施工场地极为紧张的情况下,可根据施工需要设置施工栈桥。施工栈桥应根据周边场地条件、基坑形状、支撑布置、施工方法等进行专项设计,施工过程中应按照设计要求对施工栈桥的荷载进行控制。

(16)基坑开挖应符合下列安全要求:基坑周边、放坡平台的施工荷载应按照设计要求进行控制;基坑开挖的土方不应在邻近建筑及基坑周边影响范围内堆放,并应及时外运;基坑开挖应采用全面分层开挖或台阶式分层开挖的方式;分层厚度按土层确定,开挖过程中的临时边坡坡度按计算确定;机械挖土时,坑底以上200~300 mm范围内的土方应采用人工修底的方法挖除,放坡开挖的基坑边坡应采用人工修坡方法挖除,严禁超挖。基坑开挖至坑底标高时应及时进行垫层施工,垫层应浇筑到基坑围护墙边或放坡开挖的基坑坡脚;邻近基坑边的局部深坑宜在大面积垫层完成后开挖;机械挖土应避免对工程桩产生不利影响,挖土机械不得直接在工程桩顶部行走;挖土机械严禁碰撞工程桩、围护墙、支撑、立柱和立柱桩、降水井管、监测点等,其周边200~300 mm范围内的土方应采用人工挖除;基坑开挖深度范围内有地下水时,应采取有效的降水与排水措施,确保地下水在每层土方开挖面以下50 cm,严禁有水挖土作业;基坑周边必须安装防护栏杆,防护栏杆高度不应低于1.2 m,防护栏杆应安装牢固,材料应有足够的强度;基坑内设置供施工人员上下的专用梯道。

(17)基坑开挖过程中,若基坑周边相邻工程进行桩基、基坑支护、土方开挖、爆破等施工作业时,应根据实际情况合理、安全地确定相互之间的施工顺序和方法,必要时应采取可靠的安全技术措施。

(18)基坑开挖应采用信息化施工和动态控制方法,应根据基坑支护体系和周边环境的监测数据,适时调整基坑开挖的施工顺序和施工方法。

(19)基坑开挖的安全施工应符合《建筑基坑支护技术规程》(JGJ 120—2012)、《建筑施工土石方工程安全技术规范》(JGJ 180—2009)和《建筑边坡工程技术规范》(GB 50330—2013)的相关要求。

拓展与提高

顶管施工安全技术

1.顶管施工的一般要求

(1)顶管施工前应对管道顶进地段的水文地质、地下埋设物、地上交通及构筑物等情况进行周密的调查了解。必须严格地掌握各类土壤的物理化学性质、分层及高度、地下水位及流量、含水层的渗透系数,有针对性地利用可能提供的设备,采取有效的排水和防坍塌的安全技术措施;必须严格掌握地下埋设的各种电缆、管道、有毒有害的气(液)体、易燃易爆物质,古墓(腐殖土)等地下建筑物及其他各种障碍物的种类、用途、结构、位置深度、走向、物理化学性质及危害程度,依此制订有效的安全防护和劳动保护措施,确保施工安全;必须掌握地上公路、铁路的交通状况,请有关部门共同制订专门的施工方案(安全技术措施)配合施工,确保公路、铁路和施工安全,严禁在无施工组织设计(施工方案)情况下施工。

(2)在较大的沟渠、河道下进行顶管作业,一般应选在枯水季节,但对其航运、流量应调查清楚,确定施工方法。首先应考虑到克服河水的渗透,不宜在管道顶进线中心或上流一侧围堰使水流集中,冲刷河底,严防管顶塌方河水灌进管内,并请有关单位共同制订安全技术方案后方可施工。顶管工程一般应在降水后数日、水位降到工作坑底以后进行,在地面上有构筑物的情况下,严禁带水顶进。在各种构筑物下顶管都必须有确保施工与构筑物安全的安全技术措施。各种机电设备要严格按有关规定、标准执行,起重设备、顶进设备的操作人员必须经岗位培训合格后上岗作业。各种安全防护设备,施工要按规定、标准执行,坚决克服临时性、随意性。现场材料、设备的堆放场所,应严格按现场平面布置图的规定设置,而且要坚实平整,道路通畅,排水设施良好,运输车辆的装卸、搬运要有足够的工作面和安全回转空间。管内打内胀圈、砌筑、还土、拆撑应执行有关安全规定。

2.顶管工作坑

(1)顶管工作坑的位置、水平与纵深尺寸、支撑方法与材料平台的结构与规模、后背的结构与安装、坑底基础的处理与导轨的安装、顶进设备的选用及其在坑底的平面布置等均应在施工方案中有详细的规定,在施工过程中不得任意更改。

(2)工作人员必须戴安全帽,上下工作坑应走安全梯,根据施工的具体情况,正确使用个人劳动保护用品。

3.顶管工作坑封闭式平台与支架(四脚架)

(1)平台、支架、工作棚的支搭应有专人指挥,要正确使用安全防护用品;平台、支架的承载力计算时应考虑瞬间冲击荷载。

(2)支撑平台的工字钢用铅丝绑紧、绑牢,横向与纵向工字钢应焊接牢固,不得松动。平台所用木料无劈裂、腐朽,平台用大板厚度不小于5 cm。平台用枋木应用扒钉钉牢,平台表面应用枋木(大板)铺平、铺严、扒钉钉牢。

(3)使用吊装索具应经常检查,并保证完好无损。距输电线路的安全距离要按电器安全规定标准执行。各种支架依据管材、工作坑的需要,经计算确定其长度、材质与直径,安全系数应考虑瞬间冲击。输电线路下严禁吊车作业,吊车在输电线路一侧工作时,要严格按现场机械用电中有关规定标准执行。

(4)卷扬机必须和平台、地锚连接牢固,吊装索具应完好无损;卷扬机的前方应设导向滑轮,使钢丝绕入卷筒的方向与卷筒相垂直,两者距离一般大于卷筒长度的15倍。滑轮、吊钩有防钢丝绳脱落装置,顶部定滑轮应有安全限位装置,卷扬机等设备的制动装置应齐全、灵敏、有效。作业时,钢丝绳具的安全系数不得小于6倍,钢丝绳套子(逮子绳)必须用编插接法,编插长度应大于钢丝绳直径的20~25倍,同时最小不得小于30 cm,自制的吊钩应经过计算,不得焊接铸造。

(5)工作棚要安装好,防止雨水直接落入坑内,"电葫芦"不能超负荷使用,制动装置应齐全有效,严禁斜吊。

4.顶进作业

(1)每班顶进作业开始之前,必须对扣背基础与支撑进行仔细检查,发现异常现象及时研究处理,确认安全可靠方可施工。顶管作业必须建立交接班制度,并有记录,检查机电设备是否完好。坑内作业人员必须戴安全帽,上下井走扶梯,梯子应固定完好,深坑每步梯子的梯角平台、走道应稳固,有两道牢固的护身栏。往工作井内下管前,施工负责人必须进行防高处坠落和物体打击的安全交底,作业人员分工要明确,严格遵守纪律。每次下管前,均应由施工负责人组织检查吊装设备及辅助设施(地锚等)是否完好无损、安全可靠,下管工序应有专人指挥,管子前方严禁有人;管径较大无法利用活动平台下管时,采用人工运管至起吊位置,当往平台口运管时,管前20 cm应设打掩枋木,枋木两端系牢,由两人负责同步拖拉枋木的两根拉绳,枋木的截面依据管径的大小来确定,枋木的长度根据活动平台口确定。运输管道与调整管子的方向时,必须由技术熟练、责任心强的人指挥,缓慢进行;拖拉打掩枋木和运输管道作业的人员应精神集中,服从指挥,动作协调一致,如果工作平台口的栏杆必须撤掉时,拉打掩枋木和控制管子方位的人员均应站在平台支架外侧,用能足够承重的大绳作业,严禁在无防护的工作平台边缘作业;挂钩人员应从支架两侧登安全梯上下,作业时必须严格按规定使用安全带,个人劳动保护用品应按规定正确使用,严禁用手扶钢丝绳,防止手被滑轮、吊钩碰挤致伤。

(2)下管作业的全过程中,工作井内严禁有人。井内上下吊运物品时,井下人员应站在安全角落,严禁利用卷扬机上下运人。垂直运输设备的操作人员,在作业前要对卷扬机等设备各部位进行检查,该注油的注油,制动装置、安全装置、滑轮、吊装索具、地锚、电气设备等确认无异常后方可作业。作业时精力集中服从指挥,严格执行卷扬机和起重机作业有关的安全操作规程。

(3)高压油泵是顶镐的配套设备,安装使用时应注意保护压力表和油管,发现异常停镐检查,特别是压力表突然上升,经检查排除故障后方可继续作业。现在顶管作业使用的顶镐一般采用四平建筑机械厂生产的长行程顶镐,但这种顶镐重1.5 t,安装就位时一定要有专人指挥,动作协调一致,严防伤手伤脚;使用一台顶镐时,顶镐中心必须与管道中心线一致,使用两台以上顶镐时,各顶镐中心必须与管道中心线对称。顶铁一般是采用型钢自行焊制的,其规格和结构均可视需要而定,但是必须直顺,无歪斜、扭曲等变形形象,要充分保证顶铁使用时接触面的严密性,在安装时不遗留崩铁伤人的隐患。如用 20 cm×30 cm 截面较小的顶铁,其连接长度单行使用时,一般不应超过 1.5 m;双行使用时,一般不应超过 2.5 m;超过时采取有效的安全措施或选用截面较大的顶铁。顶镐、顶铁必须与管子保持平直,受力平均一致。在顶进作业时,发现顶铁变形、异样、左右偏移或向上有凸出现象,应立即停镐进行调整;搬运顶铁、胀圈要稳拿轻放,不准抛掷;顶铁之间或顶铁与后背、底板连接时不得有间隙;顶铁如用两排以上时,应平行、等距、松紧程度一致。在顶进作业时,人不得站在顶铁上方或两侧,严禁穿行。在顶进作业时,如发现混凝土管端有混凝土剥皮脱落等异常现象,应立即停镐检查。在顶进作业过程中,要有专人对顶铁进行观察,丝毫不得放松,严防崩铁事故发生。

(4)顶进中应有防毒、防燃、防爆、防水淹的措施,顶进长度超过 50 m 时,应有预防缺氧、窒息的措施。安全防护和劳动保护用品的选用应注意其有效性,必须用经有关部门批准的产品。氧气瓶与乙炔瓶(罐)不得进入井内。顶进作业时,应先试顶,确认安全后方可正常作业;每次顶进前,应仔细检查液压系统、顶铁(柱)、后背等是否有异常现象。地下水位较高或有流砂时,由专人监护支撑平台、工作坑有无异常,发现异常立即停止作业,并排除险情。在公路、铁路、建筑物顶进作业要严格执行安全技术方案,施工负责人要在现场指挥施工;所有施工人员作业前,应学习安全技术操作规程和安全技术方案。

5.电气设备

(1)严格按现场用电有关规定、标准执行。

(2)施工暂设的输电线路必须按规定架设,闸箱应符合规定,防雨防潮。地区停电、维修设备、停止作业时,应拉闸断电,箱门加锁,确保箱内无杂物,不得使用破损电线,架设高度应符合规定。碘钨灯不得进入支架井内,一般在支架或坑内使用低压安全灯,灯的支架高度不得低于 2.5 m,附近不得有易燃物,灯与支架绝缘良好,有接零(接地)保护。工作井内一般应用 36 V 电压照明,管内潮湿时电压不得大于 12 V。顶管坑总配电箱必须加装符合规定的漏电保护装置,漏电保护装置必须保持灵敏有效,不得当作断路闸用。同时,要做好接零、接地保护工作,工作零线和保护零线应分开,总配电箱各分路开关及操作按钮控制的设备,应有明显的回路名称。各种电气设备的导线均不得用金属丝绑扎固定在金属导体上,如需固定在金属导体上,应有可靠的绝缘措施;导线应无老化、裸露现象,接头要绝缘良好。顶管坑平台上推土和操作按钮至少两人分别作业;操作机动平台的人员应培训后固定专人作业。严禁非机电人员擅自动用机电设备。

(3)现场无架设输电线路条件时,可敷设橡套电缆供电。无车辆通行时,敷设高度不应小于 2.5 m,同时设明显标志(沿树木敷设应经有关部门批准同意),机关、工厂、文体设施门口或横穿道路敷设高度不得小于 6 m,电缆本身不能受力,无老化、破损情况,按规定穿管,从地下敷设亦可。机械化机顶管或长距离顶管作业(中继间)时,管内设备的电源必须用完好无损的橡套缆线,同时要有可靠的防触电安全措施;缆线的敷设每节管均应牢固,有防止电缆脱落和防人机碰伤的措施,电缆接头处应绝缘良好,有保护措施;机头部分和中继间电气设备的照明电压应采用不大于 36 V 的安全电压。配电箱按钮盒等必须有良好的密封性能。

(4)顶管坑的电气设备撤除后要及时进行维修,新的顶管坑在电气设备安装前应对其进行外观检查和摇测绝缘性等工作,确认良好后方可安装使用。严禁安装使用不符合安全规定的电气设备。

 思考与练习

(一)单项选择题(下列各题中,只有一个最符合题意,请将其编号填写在括号内)

1.取得《特种作业资格证》的新爆破员,应在有经验的爆破员指导( )后,方可独立从事爆破作业。

　A.半个月　　　　　　B.1 个月　　　　　　C.2 个月　　　　　　D.3 个月

2.人工开挖土方,要保持足够的安全距离。人与人的横向距离不得小于 2 m,纵向距离不得小于 ( )m。

　A.1　　　　　　　　B.2　　　　　　　　C.2.5　　　　　　　　D.3

3.深基坑施工时,( )应组织对施工安全专项方案的审查。

　A.建设单位　　　　　B.施工单位　　　　　C.设计单位　　　　　D.监理单位

(二)多项选择题(下列各题中,至少有两个答案符合题意,请将其编号填写在括号内)

1.爆破施工中必须执行"一炮三检"的制度,即( )。

　A.装药前检查　　　　B.爆破中检查　　　　C.装药时检查

　D.装药后检查　　　　E.爆破后检查

2.( )是隧道施工必须具备的资料。

　A.隧道工程设计的全套图纸资料和工程技术要求文件

　B.隧道沿线详细的工程地质和水文地质勘察报告

　C.施工沿线地表环境调查报告

　D.地下各种障碍物调查报告

　E.工程监理企业

3.深基坑土石方开挖的安全施工方案,应综合考虑的因素除基坑平面尺寸、施工方法外还应考虑( )等因素。

　A.工程地质与水文地质条件　　　　　　B.环境保护要求

　C.场地条件　　　　　D.开挖深度　　　　　E.支护结构形式

（三）判断题（请在你认为正确的题后括号内打"√"，错误的题后括号内打"×"）

1.进行爆破作业时，由项目经理统一协调指挥、调动有关人员，对违反本制度和公司劳动纪律、不服从管理的人员有权进行处罚。　　　　　　　　　　　　　　　　　　（　　）

2.安全工作必须实行群众监督，充分发挥群众安全监督的作用。　　　　　　　（　　）

3.土石方工程施工中，如发现与原设计不符或埋有危险品及其他可疑物品时，应立即进行处理。　　　　　　　　　　　　　　　　　　　　　　　　　　　　　　　（　　）

4.拆除基坑内支撑时，应配合回填土由下而上逐步进行，每次同时拆除的横支撑在垂直方向上不准超过两根，并严禁在正在拆除的支撑上操作。　　　　　　　　　　　　（　　）

5.深基坑土石方开挖宜根据支护形式分别采用无围护结构的放坡开挖、有围护结构无内支撑的基坑开挖以及有围护结构有内支撑的基坑开挖等开挖方式。　　　　　　（　　）

考核与鉴定

（一）单项选择题（下列各题中，只有一个最符合题意，请将其编号填写在括号内）

1.（　　）必须在基础施工前及开挖槽、坑、沟土方前以书面形式向施工企业提供详细的与施工现场相关的地下管线资料。

A.建设单位　　　　　　B.设计单位　　　　　　C.勘察单位　　　　　　D.监理单位

2.结构用的里、外承重脚手架使用时的荷载不得超过（　　）N/m²。

A.1 764　　　　　　　　B.1 960　　　　　　　　C.2 156　　　　　　　　D.2 646

3.使用工具式脚手架必须经过设计并应编制施工方案，且应经（　　）审批后实施。

A.监理工程师　　　　　　　　　　　　B.安全部门负责人

C.技术部门负责人　　　　　　　　　　D.项目经理

4.物料提升机缆风绳与地面的夹角应为（　　），且其下端应与地锚相连。

A.25°～40°　　　　　　B.30°～45°　　　　　　C.45°～60°　　　　　　D.50°～75°

5.电梯井内首层和首层以上每隔（　　）层应设一道水平安全网，安全网应封闭严密。

A.4　　　　　　　　　　B.5　　　　　　　　　　C.6　　　　　　　　　　D.8

6.使用行灯和低压照明灯具时其电源电压应不超过（　　）V。

A.36　　　　　　　　　　B.48　　　　　　　　　　C.110　　　　　　　　　D.220

7.群塔作业方案中应保证处于低位的塔式起重机臂架端部与相邻塔式起重机塔身之间至少保持（　　）m的距离。

A.0.5　　　　　　　　　　B.1　　　　　　　　　　C.1.5　　　　　　　　　D.2

8.当满堂模板支架的架体高度不超过（　　）节段立杆时，可不设置顶层水平斜杆。

A.2　　　　　　　　　　B.3　　　　　　　　　　C.4　　　　　　　　　　D.5

9.碗口式脚手架搭设应按立杆、横杆、斜杆、连墙件的顺序逐层搭设，每次上升高度不大于（　　）m。

A.1.2　　　　　　　　　　B.1.8　　　　　　　　　C.2　　　　　　　　　　D.3

10.碗口式脚手架使用期间，严禁擅自拆除架体结构杆件，如需拆除必须报请（　　）同意，确定补救措施后方可实施。

    A.项目经理   B.技术主管   C.安全负责人   D.监理工程师

11.附着式升降脚手架在拆除时,遇( )级及以上大风和大雨、大雪、浓雾和雷雨等恶劣天气时,严禁进行拆卸作业。

    A.5   B.6   C.7   D.8

12.高处作业吊篮内作业人员不应超过( )人。

    A.5   B.4   C.3   D.2

13.在施工升降机基础周边水平距离( )m以内不得开挖,并不得堆放易燃易爆物品及其他杂物。

    A.2   B.3   C.4   D.5

14.龙门架在拆除缆风绳或附墙架前,应先设置临时缆风绳或支撑,确保架体的自由高度不得大于( )个标准节。

    A.2   B.3   C.4   D.5

15.起重设备安装工程专业承包企业资质为二级企业,可承担( )t及以下起重机和龙门吊的安装与拆卸。

    A.120   B.150   C.180   D.200

16.塔式起重机停用( )个月以上的,在复工前应由总承包单位组织有关单位重新进行验收,合格后方可使用。

    A.6   B.9   C.12   D.18

17.塔式起重机的起重臂根部铰点高度超过( )m时应配备风速仪。

    A.50   B.72   C.90   D.100

18.平地机转弯或调头时,应采用( )。

    A.高速   B.超高速   C.中速   D.最低速度

19.推土机下坡推土的工作坡度以6°~10°为宜,最大不得超过( ),否则后退爬坡困难。

    A.15°   B.18°   C.20°   D.25°

20.混凝土输送泵在泵送过程中应( )进行。

    A.分段   B.连续   C.间断   D.间断与连续交换

21.插入式振捣器软轴的弯曲半径不得小于( )cm,并不得多于两个弯。

    A.20   B.30   C.40   D.50

22.切断短料时,手和切刀之间的距离应保持150 mm以上,如手握端小于( )mm时,应用套管或夹具将钢筋短头压住或夹牢。

    A.200   B.250   C.300   D.400

23.进行爆破作业时,由( )统一协调指挥、调动有关人员,对违反本制度和公司劳动纪律,不服从管理的人员有权进行处罚。

    A.项目负责人   B.安全技术负责人

    C.爆破负责人   D.施工技术负责人

24.盾构法施工安全的基本规定中规定安全工作必须实行( )监督。

A.群众   B.安全技术负责人

C.施工技术负责人   D.县级安全部门

25.建筑深基坑施工时,(　　)应进行基坑环境调查,查明周边市政管线现状及渗漏情况,邻近建筑物基础形式、埋深、结构类型、使用状况。

A.建设单位   B.施工单位   C.设计单位   D.监理单位

(二)多项选择题(下列各题中,至少有两个答案符合题意,请将其编号填写在括号内)

1.编制人工挖大孔径桩及扩底桩施工方案必须经(　　)签字批准。

A.设计负责人   B.企业负责人   C.技术负责人   D.监理工程师   E.班组长

2.临边防护是指在建工程的(　　)防护。

A.楼面临边   B.阳台临边   C.基坑临边   D.屋面临边   E.升降口临边

3.外用电梯司机(　　)。

A.必须持证上岗并应熟悉设备的结构、原理、操作规程等

B.应坚持岗前例行保养制度

C.在设备接通电源后不得离开操作岗位

D.监督运载物料时应做到均衡分布以防止倾翻和外漏坠落置

E.拆卸修理电梯

4.对于承插型脚手架的检查与验收,(　　)应是重点检查的内容。

A.连墙件应设置完善

B.斜杆和剪刀撑设置应符合要求

C.搭设的施工记录和质量检查记录应及时、齐全

D.周转使用的支架构配件使用前复检合格记录

E.立杆基础不应有不均匀沉降,立杆可调底座与基础面的接触不应有松动或悬空现象

5.碗口式脚手架的连墙杆的设置应符合(　　)规定。

A.连墙杆与脚手架立面及墙体应保持垂直,每层连墙杆应在同一平面,水平间距应不大于4跨

B.连墙杆应设置在有廊道横杆的碗扣节点处

C.采用钢管扣件作连墙杆时,连墙杆应采用直角扣件与立杆连接,连接点距碗扣节点距离应≤150 mm

D.连墙杆必须采用可承受拉、压荷载的刚性结构

E.每隔3跨设置一组

6.碗口式脚手架中,(　　)是构配件进场质量检查的重点。

A.钢管管壁厚度   B.焊接质量   C.外观质量   D.钢管的长度

E.可调底座和可调托撑丝杆直径与螺母配合间隙及材质

7.附着式升降脚手架必须具有(　　)的安全装置方准使用。

A.防倾覆   B.防坠落   C.防拉断

D.同步升降控制   E.防超重

8.拆除防护架前,应全面检查防护架的(　　)等是否符合构造要求。

A.扣件连接   B.连墙件   C.竖向桁架   D.三角臂   E.支架

9.钢丝绳式施工升降机的安装还应符合(　　)规定。

A.卷扬机应安装在平整、坚实的地点,且应符合使用说明书的要求

B.卷扬机、曳引机应按使用说明书的要求固定牢靠,应按规定配备防坠安全装置

C.卷扬机卷筒、滑轮、曳引轮等应有防脱绳装置

D.卷扬机的传动部位应安装牢固的防护罩

E.卷扬机卷筒旋转方向应与操纵开关上指示方向一致

10.龙门架整体安装时,应符合(　　)规定。

A.整体搬起前,应对两立柱及架体进行检查,如原设计不能满足起吊要求则不能起吊

B.吊装前应于架体顶部系好缆风绳和各种防护装置

C.吊点应符合原图纸规定要求

D.起吊过程中应注意观察立柱弯曲变形情况

E.起吊就位后应初步校正垂直度,并紧固底脚螺栓、缆风绳或安装固定附墙架,经检查无误后,方可摘除吊钩

11.龙门架使用期间的定期检查包括(　　)。

A.金属结构有无开焊、锈蚀、永久变形

B.扣件、螺栓连接的紧固情况

C.附墙架、缆风绳、地锚位置和安装情况

D.提升机构磨损情况及钢丝绳的完好性

E.卷扬机的位置是否合理

12.塔式起重机安装、拆卸作业应配备(　　)。

A.持有安全生产考核合格证书的机械管理人员

B.具有建筑施工特种作业操作资格证书的建筑起重机械安装拆卸工

C.具有建筑施工特种作业操作资格证书的起重信号工

D.具有建筑施工特种作业操作资格证书的起重司机

E.持有安全生产考核合格证书的项目和安全负责人

13.塔式起重机安装、拆卸前,应编制专项施工方案,指导作业人员实施安装、拆卸作业。专项施工方案应由本单位(　　)等部门审核、技术负责人审批后,经监理单位批准实施。

A.技术　　　　B.安全　　　　C.劳资　　　　D.设备　　　　E.办公

14.推土机伐除直径30 cm以上大树时,应按(　　)程序作业。

A.将大树周围树根用推土刀或松土齿切断

B.在未切根的对面一侧树干旁,推填坡度为1∶5的土堆

C.推土机停在土堆上抬起推土刀片将树推倒,要提高着力点,防止树身上部反方向推土机

D.如树干高大、树冠枝叶茂盛,必须先将上部树枝截除一部分,使树冠重心移向被推倒的一侧,以策安全

E.后退时,应先看清后方情况,如需绕过正后方驶来的铲运机倒向助铲位置时,一般应从来车的左侧绕行

15.钢筋冷挤压连接,挤压前的准备工作应符合(　　)。

A.钢筋端头的锈迹、泥沙、油污等杂物应清理干净

B.不同直径钢筋的套筒不得串用;钢筋端部应画出定位标记与检查标记,定位标记与钢筋端头的距离应为套筒长度的一半,检查标记与定位标记的距离宜为20 mm

C.钢筋与套筒应先进行试套,当钢筋有马蹄、弯折或纵肋尺寸过大时,应预先进行矫正或用砂轮打磨

D.检查挤压设备情况,应进行试压,符合要求后方可作业

E.压接钳就位时,应对准套筒压痕位置的标记,并应与钢筋轴线保持垂直

16.(　　)时,应对挤压机的挤压力进行标定。

A.新挤压设备使用前

B.旧挤压设备大修后

C.油压表受损或强烈振动后

D.挤压设备使用超过一年

E.挤压的接头数超过5 000个

17.开挖土方前,应查清施工地区的(　　)等地下埋藏情况。

A.地下管道　　　　B.电缆设备　　　　C.文物古迹

D.古树　　　　　　　　　　　　　　　E.地下河流、暗泉

18.深基坑工程施工,在现场勘查与环境调查之前应取得(　　)等资料。

A.工程勘察报告和基坑工程设计文件

B.附有坐标和周边已有建(构)筑物的总平面布置图

C.基坑及周边地下管线、人防工程及其他地下构筑物、障碍物分布图

D.拟建建(构)筑物相对应的±0.000 m绝对标高、结构类型、荷载情况、基础埋深和地基基础形式及地下结构平面布置图

E.基坑平面尺寸及场地自然地面标高、坑底标高及其变化情况

19.深基坑施工时,建设单位应组织(　　)进行图纸会审和技术交底,并应留存记录。

A.土建设计　　　　　　　　　B.基坑工程设计

C.工程总承包　　　　　　　　D.市政管理部门

E.基坑工程施工与基坑安全监测单位

(三)判断题(请在你认为正确的题后括号内打"√",错误的题后括号内打"×")

1.危险处、通道处及行人过路处开挖的槽、坑、沟必须采取有效的防护措施以防止人员坠落,且夜间应设红色标志灯。　　　　　　　　　　　　　　　　　　　　　　　(　　)

2.脚手架必须按楼层与结构拉结牢固,拉结点竖向距离不得超过6 m,水平距离不得超过8 m,拉接必须使用刚性材料,20 m以上高大架子应有卸荷措施。　　　　　　　(　　)

3.拆除、安装物料提升机要进行安全交底,应划定防护区域并设专人监护。　(　　)

4.建筑物出入口必须搭设宽于出入通道两侧的防护棚,棚顶应满铺不小于5 cm厚的脚手板,通道两侧应采用密目安全网封闭。　　　　　　　　　　　　　　　　　　(　　)

5.独立的配电系统必须按规范采用三相五线制的接零保护系统,非独立系统可根据现场情况采取相应的接零或接地保护方式,各种电气设备和电力施工机械的金属外壳、金属支架和底座必须按规定采取可靠的接零或接地保护。　　　　　　　　　　　　　　　(　　)

6.机械设备操作应保证专机专人、持证上岗,严格落实岗位责任制并严格执行"清洁、润

滑、紧固、调整、防腐"的"十字作业法"。(　　)

7.当承插型盘扣式钢管支架的架体高度超过6节段立杆时,应设置顶层水平斜杆或扣件钢管水平剪刀撑。(　　)

8.承插型盘扣式模板支架停工超过一个月恢复使用前,应进行检查和验收。(　　)

9.碗口式脚手架的搭设应分阶段进行,第一阶段的搭底高度一般为6 m,搭设后必须经检查验收后方可正式投入使用。(　　)

10.附着式升降脚手架安装,在没有完成架体固定工作前,施工人员不得擅自离岗或下班。(　　)

11.提升防护架应使用经检验合格的钢丝绳作为提升索具。(　　)

12.拆除作业中,严禁从高处向下抛掷物件。(　　)

13.施工升降机拆卸作业应编制专项施工方案。(　　)

14.吊运重物时尽可能不要离地面太高,在一般情况下吊运重物不得从人员上空越过。(　　)

15.施工升降机的安装作业时,进入现场的安装作业人员应佩带安全防护用品,高处作业人员应系安全带、穿防滑鞋。(　　)

16.塔式起重机安装作业中应统一指挥,明确指挥信号,当视线受阻、距离过远时,应采用对讲机或多级指挥。(　　)

17.压路机在新开道路上进行碾压时,应从两侧向中间碾压,碾压不要太靠近路基边缘,以防塌方。(　　)

18.挖掘机在平地上作业,应用制动器将履带(或轮胎)刹住、揿牢。(　　)

19.混凝土搅拌机操作人员严禁无证操作,严禁操作时擅自离开工作岗位。(　　)

20.钢筋切断机启动后,先空运转,检查各传动部分及轴承运转正常后方可作业。(　　)

21.钢筋冷压连接时,压模、套筒与钢筋应相互配套使用,压模上应有相对应的连接钢筋规格标记。(　　)

22.爆破结束后,必须将剩余的爆破器材带回工棚,以便来日再用。(　　)

23.盾构法施工时,所有现场施工人员必须戴安全帽,进入隧道作业人员严禁喝酒、吸烟。(　　)

24.基坑深度超过1.5 m时,为便利上下,必须挖设专用坡道或铺设跳板。(　　)

25.进行挖基工作时,不得将工具、材料从坑顶向坑内抛掷。(　　)

26.临时土石方的堆放可不进行自身稳定性、邻近建筑物地基和基坑稳定性验算。(　　)

模块三　建筑施工常见意外伤害

随着社会的发展,建筑安全的重要性越来越被更多人所重视。了解常见意外事故的发生,对即将从事建筑企业施工的人员非常重要。作业人员违反操作规程、违反安全交底的内容或操作失误,现场安全防护不到位或者存在缺陷漏洞,个人缺乏劳动保护意识和自我保护能力,管理缺陷等都可能造成工程事故。据不完全统计,因为个人的不安全行为、缺乏安全知识和自我保护意识而导致的事故,占事故总量的80%以上。因此,无数事实告诉我们,无视安全的行为必将付出沉痛的代价。本模块主要讲解建设工程领域常见的意外伤害事故及其防治方法。其主要学习任务为:掌握高空坠落的防治方法;掌握建筑施工安全用电基本知识;掌握常见机械伤害的防治方法;了解建筑施工意外伤害保险与索赔办法;掌握建筑业常见职业病的防治方法。

学习目标

(一)知识目标

1.能理解建筑行业意外伤害的危害;
2.能够记住施工现场常见的危险源;
3.能够记住安全用电的相关规定。

(二)技能目标

1.会运用相关安全技术知识要求,对施工现场的不安全现象进行制止;
2.能指导施工现场相关作业人员进行施工现场安全防护。

(三)职业素养目标

1.具有强烈的安全防范意识和做事谨慎的工作责任心;
2.养成细心观察、尊重科学、按章行事、做事认真的工作态度。

任务一　掌握高空坠落的防治方法

任务描述与分析

建筑行业意外事故较多,其中以高空坠落、物体打击、坍塌、触电、机械伤害等较为突出,通常把以上意外事故并称为建筑行业的"五大伤害"。"五大伤害"是建筑施工现场发生伤亡人数最多的事故类型。以2007年为例,"五大伤害"占全部建筑行业事故伤亡人数的90.43%,而其中高处坠落占45.45%、物体打击占20.38%、机械伤害占11.56%、触电事故占6.62%、坍塌事故6.42%,可见高处坠落是建筑行业伤亡事故防范的重中之重。本任务将着重介绍高空坠落及其防治方法。

知识与技能

(一)高空坠落与时间的关系

在讲述高空坠落之前同学们思考两个问题:

(1)你知道一个人从3层楼房(约10 m)高处坠落到地面需要多长时间吗?

(2)预测一下人从3层楼房(约10 m)高处坠落到硬地面生还的概率是多少?

高处坠落从本质上讲属于自由落体运动,是初速度为零的匀加速直线运动,遵循匀加速直线运动规律。下落高度 $H=\dfrac{1}{2}gt^2$。其中,H 为下落高度;g 为重力加速度,一般取 9.8 m/s;t 为开始下落到触地的时间。大家根据公式测算,坠物每秒速度增加 9.8 m/s,1 s 后掉落的高度是 4.9 m,2 s 后掉落的高度是 19.6 m,3 s 后掉落的高度是 44.1 m,4 s 后掉落的高度是 78.4 m……

如图3-1所示,下落高度越大,人着地的时间越长。但是下落的高度越大,人生还的可能性越低,即使下落高度不大,但是由于人的反应时间太短,坠落着地时往往是头部着地,而头部又是人体最脆弱的地方。所以,一旦发生高空坠落事件,死亡率非常高。

高处坠落事故是因高处作业引起的,故可以根据高处作业的分类形式对高处坠落事故进行简单分类。根据《高处作业分级》(GB/T 3608—2008)的规定,凡在坠落高度基准面 2 m 以上(含 2 m)有可能坠落的高处进行的作业,均称为高处作业。根据高处作业者工作时所处的部位不同,高处作业坠落事故可分为:临边作业高处坠落事故、洞口作业高处坠落事故、攀登作业高处坠落事故、悬空作业高处坠落事故、操作平台作业高处坠落事故、交叉作业高处坠落事故等。了解高处作业坠落事故的分类情况,对高处作业坠落事故发生原因的分析及采取预防措施是有帮助的。

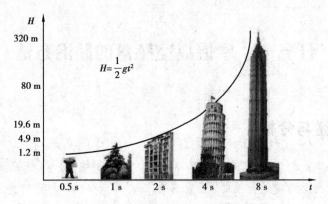

图 3-1　高空坠落高度与时间的关系图

（二）高空坠落产生的原因和特点

根据事故致因理论，事故致因包括人的因素和物的因素两个主要方面。

1.人的因素

（1）人的不安全行为，如违章指挥、违章作业、违反劳动纪律的"三违"行为，主要表现为：

①指派无登高架设作业操作资格的人员从事登高架设作业。如项目经理指派无架子工操作证的人员搭拆脚手架即属违章指挥。

②不具备高处作业资格（条件）的人员擅自从事高处作业。根据《建筑安装工人安全技术操作规程》的有关规定，从事高处作业的人员要定期体检，凡患高血压、心脏病、贫血病、癫痫病以及其他不适合从事高处作业的人员不得从事高处作业。

③未经现场安全人员同意擅自拆除安全防护设施。如砌体作业班组在做楼层周边砌体作业时擅自拆除楼层周边防护栏杆，即为违章作业。

④不按规定的通道上下进入作业面，随意攀爬阳台、吊车臂架等非规定通道。

⑤拆除脚手架、井字架、塔吊或模板支撑系统时无专人监护且未按规定设置足够的防护措施，许多高处坠落事故都是在这种情况下发生的。

⑥高空作业时不按劳动纪律规定穿戴好个人劳动防护用品（安全帽、安全带、防滑鞋）等。

（2）人操作失误，主要表现为：

①在洞口、临边作业时因踩空、踩滑而坠落。

②在转移作业地点时因没有及时系好安全带或安全带系挂不牢而坠落。

③在安装建筑构件时，因作业人员配合失误而导致相关作业人员坠落。

（3）注意力不集中，主要表现为作业或行动前不注意观察周围的环境是否安全而轻率行动，如没有看到脚下的脚手板是探头板或是已腐朽的板而踩上去造成坠落伤害事故，或者误进入危险区域而造成的伤害事故。

2.物的因素

从物的不安全状态分析主要有以下原因：

（1）高处作业的安全防护设施的材质强度不够、安装不良、磨损老化等。其主要表现为：

①用作防护栏杆的钢管、扣件等材料因壁厚不足、腐蚀、扣件不合格而折断、变形，从而失

去防护作用。

②吊篮脚手架钢丝绳因摩擦、锈蚀而破断,导致吊篮倾斜、坠落,引起人员坠落。

③施工脚手板因强度不够而弯曲变形、折断等,导致其上人员坠落。

④因其他设施设备(手拉葫芦、电动葫芦等)破坏而导致相关人员坠落。

(2)安全防护设施不合格、装置失灵而导致事故。其主要表现为:

①临边、洞口、操作平台周边的防护设施不合格。

②整体提升脚手架、施工电梯等设施、设备的防坠装置失灵,从而导致脚手架、施工电梯坠落。

(3)劳动防护用品缺陷。其主要表现为高处作业人员的安全帽、安全带、安全绳、防滑鞋等用品因内在缺陷而破损、断裂、失去防滑功能等所引起的高处坠落事故。有些单位贪图便宜,购买劳动防护用品时只认价格高低,而不管产品是否有生产许可证、产品合格证,导致工人所用的劳动防护用品本身就存在质量问题,根本起不到安全防护作用。如图 3-2 所示为建筑施工现场禁止使用的竹制安全帽。

图 3-2　建筑施工现场禁止使用的竹制安全帽

(三)高空坠落的防治与应急处理

1.高空坠落的防治措施

(1)科学管理。明确岗位责任,熟悉作业方法,掌握技术知识,执行操作规程,正确使用防护用具,加强日常检查。

(2)采取周密的防护措施。除在危险部位设置护栏、立网、满铺架板、盖好洞口外,还应在操作人员下方设平网,并确认作业人员正确使用了防护用具。

(3)用好安全"三宝"。一是安全帽。进入作业场所,必须戴好符合安全标准的安全帽,并系好帽带,防止人员坠落时帽子脱落,失去保护作用,如图 3-3 所示。二是安全带。凡在 2 m以上悬空作业人员,必须佩带合格的安全带(见图 3-4)。三是安全网。凡无外架防护作业点,必须在离地 4 m 高处搭设固定的安全平网(见图 3-5),高层施工还应隔 4 层再安一道固定的安全平网,并同时设一层随墙体逐层上升的安全平网。

(4)做好"四口"防护。"四口"是指楼梯口、电梯口、预留洞口和出入口(也称通道口)。

(5)做好"五临边"的防护。"五临边"必须设置 1.2 m 高的双层围栏(每层 60 cm)或搭设

图 3-3　进入施工现场必须按规范佩戴安全帽

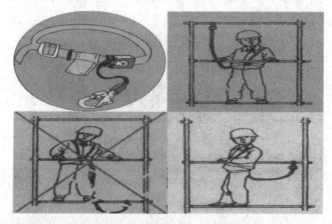

图 3-4　高空作业必须佩带安全带

图 3-5　安全平网可以有效防止高处坠落

安全立网。

2.高空坠落的应急自救

当发生高处坠落事故后,抢救的重点是对休克、骨折和出血等情况进行处理。

(1)颌面部伤员首先应保持呼吸道畅通,摘除义齿,清除移位的组织碎片、血凝块、口腔分泌物等,同时松解伤员的颈、胸部纽扣。

（2）发现脊椎受伤者,在创伤处用消毒的纱布或清洁布等覆盖伤口,用绷带或布条包扎。搬运时,将伤者平放在硬质担架或硬板上,以免受伤的脊椎移位、断裂造成截瘫,甚至死亡。抢救脊椎受伤者,搬运过程严禁只抬伤者的两肩与两腿或单肩背运。

（3）发现伤者手足骨折,不要盲目搬动伤者,应在骨折部位用夹板把受伤位置临时固定,使断端不再移位或刺伤肌肉、神经或血管。固定方法:以固定骨折处上下关节为原则,可就地取材,用木板、竹片等。

（4）复合伤要求平仰卧位,保持呼吸道畅通,解开衣领扣。

（5）周围血管伤,应压迫伤部以上动脉,直接在伤口上放置厚敷料,绷带加压包扎以不出血和不影响肢体血循环为宜。当上述方法无效时可使用止血带,原则上尽量缩短使用时间,一般以不超过1 h为宜,作好标记,注明上止血带时间。

拓展与提高

坍塌危害

（一）坍塌事故的特点

坍塌事故是指建筑物、构筑物、堆置物、土石方、搭设的脚手架体等,由于底部支撑强度不够,失稳垮塌造成的事故。常见的坍塌事故有:各种土石方护坡坍塌;建筑物楼面超过额定荷载造成房屋坍塌;结构混凝土施工时由于模板支撑不稳或强度不够造成坍塌;拆除施工中,由于下部承重墙体受到破坏而造成失稳坍塌等。

（二）如何预防坍塌事故的发生

1.预防土石方坍塌的主要措施

（1）土石方工程施工前,应了解施工场地的地质、水文和地下管网布置等基本情况,有针对性地采用合理的施工方法;在深坑、深井内作业时,应采取通风换气的措施。

（2）挖土方应从上而下分层进行,禁止采用挖空底脚的操作方法（即挖"神仙土"）,挖基坑、沟槽、井坑时,应视土的性质、湿度和挖的深度,选择安全边坡或设置固壁支撑。在沟、坑边堆泥土、材料、机具等,至少要距离沟、坑边沿1 m以外,高度不得超过1.5 m。

（3）土方放坡坡度应根据土质情况、开挖深度和地下水位的高低,按技术交底和施工验收规范的要求和规定选用。

（4）作业时要随时注意检查土壁变化,发现有裂缝或部分塌方等异常情况,必须采取果断措施,将人员撤离,排除隐患,确保安全。

（5）施工人员下深井、深孔前,先用气泵向孔内送风,检测无误后方可下孔作业。

（6）人工挖孔桩采用混凝土护壁时,必须挖一截、打一截;孔下人员作业时,孔上必须设专人监护,随时保持通话联系,发现情况异常,必须立即停止作业,撤离危险区。

2.预防拆除工程伤害事故的主要措施

(1)拆除工程的施工企业必须具有拆除工程专业承包资质,参加拆除工程的作业人员,必须经专业培训考试合格,取得专业上岗证后方可上岗作业。

(2)拆除工程施工前,应先将电线、管道等干线与建筑物的支线切断或迁移。

(3)拆除建筑物应自上而下进行,先拆非承重部分,后拆承重部分,禁止数层同时拆除;禁止采用掏挖和人力推倒墙体的方法来拆除,更不允许将墙体推倒在楼板上。

3.防止模板及支撑系统坍塌的措施

(1)特殊结构模板及支撑系统必须由专业技术人员经过设计计算,应保证模板及支撑稳固,能承受钢筋和新浇筑混凝土以及在施工过程中所产生的全部荷载。

(2)模板和支撑所用材料可选用钢材和木材。一般工程施工,模板可选用符合国家标准的竹、木胶合模板,板底用标准方木;支撑可选用符合国家标准的脚手架钢管。特殊工程严格按照工程设计或施工方案要求选用材料。

(3)模板的拼缝要严密,垫木铺设要均匀;支撑立杆要垂直,间距严格按施工方案交底要求设立;纵横向水平支撑和扫地杆、剪刀撑严格按交底要求搭设,施工中不得任意拆除和改动。

(4)模板和支撑的拆除应符合设计和交底要求,如设计无要求时,应在与现场同条件养护的混凝土试块强度达到设计强度后方能拆除。

(5)模板的拆除应有可靠的拆除方案和拆除安全技术交底,作业人员在没有拆除方案和安全技术交底的情况下,不得进行模板拆除作业。

4.防止雨篷、挑檐坍塌的措施

雨篷板、挑檐板均属于悬挑结构,对于悬挑结构,所有现场的施工人员必须注意以下几点:

(1)保证正确安放钢筋位置。也就是说,悬挑结构施工时,要将钢筋等级高的、外形直径大的钢筋置于构件的上部。

(2)防止钢筋在施工过程中发生位移。在浇筑雨篷板、挑檐板混凝土时,应搭设施工操作通道,严禁施工操作人员直接踩踏钢筋。

(3)浇筑混凝土时,雨篷板、挑檐板根部截面不能减小,保证根部截面几何尺寸符合设计要求。

(4)保证混凝土的强度和浇筑质量,混凝土的拌制严格按设计配合比加料搅拌,振捣要密实,不得有蜂窝、麻面、露筋和孔洞出现。

(5)雨篷、挑檐的模板支撑要稳固,拆模方法要正确。雨篷、挑檐等悬挑构件的承重底模及其支撑系统,在未达到设计和规范要求之前,严禁拆除。

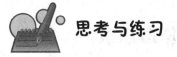 **思考与练习**

（一）单项选择题（下列各题中,只有一个最符合题意,请将其编号填写在括号内）

1.下列不属于人的不安全行为的是(　　)。

A.违章指挥　　　　　　　　　　B.安全防护设施的材质强度不够

C.违章作业　　　　　　　　　　D.违反劳动纪律

2.根据《高处作业分级》(GB/T 3608—2008)的规定,凡在坠落高度基准面(　　)m 以上有可能坠落的高处进行的作业,均称为高处作业。

A.1.5　　　　　　　　　　　　　B.1.8

C.2.0　　　　　　　　　　　　　D.3.0

3.在"五临边"处必须设置(　　)m 高的双层围栏(每层 60 cm)或搭设安全立网。

A.1.2　　　　　　　　　　　　　B.1.1

C.0.9　　　　　　　　　　　　　D.1.0

（二）多项选择题（下列各题中,至少有两个答案符合题意,请将其编号填写在括号内）

1.根据高处作业者工作时所处的部位不同,高处作业坠落事故可分为(　　)。

A.临边作业高处坠落事故　　　　B.洞口作业高处坠落事故

C.攀登作业高处坠落事故　　　　D.悬空作业高处坠落事故

E.操作平台作业高处坠落事故和交叉作业高处坠落事故

2.物的不安全状态主要有(　　)。

A.高处作业的安全防护设施的材质强度不够、安装不良、磨损老化

B.不按劳动纪律规定穿戴好个人劳动防护用品

C.安全防护设施不合格、装置失灵

D.未经现场安全人员同意擅自拆除安全防护设施

E.劳动防护用品缺陷

3.下列不属于人的操作失误造成高处坠落事故的是(　　)。

A.在洞口、临边作业时因踩空、踩滑而坠落

B.在转移作业地点时因没有及时系好安全带或安全带系挂不牢而坠落

C.作业或行动前不注意观察周围的环境是否安全而轻率行动

D.不按劳动纪律规定穿戴好个人劳动防护用品

E.在安装建筑构件时,因作业人员配合失误而导致相关作业人员坠落

（三）判断题（请在你认为正确的题后括号内打"√",错误的题后括号内打"×"）

1.根据事故致因理论,事故致因包括人的不安全行为和操作失误两个主要方面。(　　)

2.高处坠落从本质上讲属于自由落体运动。(　　)

3.当发生高处坠落事故后,抢救的重点放在对休克、骨折和出血上进行处理。(　　)

任务二 掌握建筑施工安全用电基本知识

 任务描述与分析

由于电的使用,人类社会发生了翻天覆地的变化,社会生产力大大提高;同时,随着生产力的发展,建筑行业用电也越来越广泛。掌握建筑施工现场安全用电基本知识,对即将进入建筑企业的施工人员非常重要。本任务着重要求同学们掌握安全用电一般知识以及常用的急救措施。

 知识与技能

(一)电流对人体的伤害

人是一个导电体,因此当人碰到带电的导线,电流就要通过人体,这就称为触电。电流通过人体,对人的身体和内部组织将造成不同程度的损伤,这种损伤分为电击和电伤两种。电击是电流通过人体,造成人体内部组织的破坏,影响呼吸、心脏和神经系统,严重的会导致死亡。电伤主要是对人体外部造成的局部伤害,包括电弧烧伤、电烙伤、熔化的金属微粒渗入皮肤等伤害。电伤能使人痛苦,甚至造成失明、截肢,但一般不会死亡。

电流通过人体时,由于每个人的体质不同,电流通过的时间有长有短,因而有着不同的后果。这种后果又和通过人体电流的大小有关系。

一般来说,当人体通过 0.000 6 A 的电流,就会引起人体麻刺的感觉;通过 0.02 A 的电流,就会引起剧痛和呼吸困难;通过 0.05 A 的电流,就会有生命危险;通过 0.1 A 以上的电流,就能引起心脏停搏,直至死亡。

(二)触电时危险程度的影响因素

人触电后都可能威胁触电者的生命安全。其影响危险程度的因素有:通过人体的电压(36 V 以下为安全电压)、通过人体的电流、电流作用时间的长短、频率的高低、电流通过人体的途径、触电者的体质状况、人体的电阻。

(1)通过人体的电压。较高的电压对人体的危害十分严重,轻则引起灼伤,重则足以致人死亡。较低的电压,人体抵抗得住,可以避免伤亡。从人触碰的电压情况来看,36 V 以下为安全电压,高于 36 V 的电压对人体都存在危险。

(2)通过人体的电流。电流的大小决定于触电者接触到电压的高低和人体电阻的大小。人体接触的电压越高,通过人体的电流越大,只要超过 0.1 A 就能造成触电死亡。

(3)电流作用时间的长短。电流通过人体时间的长短,对人体的伤害程度有着密切的关系。人体处于电流作用下，时间越短获救的可能性越大；电流通过人体的时间越长，电流对人体的机能破坏越大，获救的可能性也就越小。

（4）频率的高低。一般说来，工频为 50~60 Hz 对人体是最危险的。从电击观点来说，高频率电流灼伤的危险性并不比直流电压和工频的交流电危险性小。此外，无线电设备、淬火、烘干和熔炼的高频电气设备，能辐射出波长为 1~50 cm 的电磁波。这种电磁波能引起人体体温增高、身体疲乏、全身无力和头痛失眠等病症。

（5）电流通过人体的途径。电流通过人体时，可使表皮灼伤，并能刺激神经，破坏心脏及呼吸器官的机能。电流通过人体的路径，如果是从手到脚，中间经过重要器官（心脏）时最为危险；电流通过的路径如果是从脚到脚，则危险性较小。

（6）触电者皮肤的干湿程度和体质状况。人体是导电的，当触电时电压加到人体上时，就将有电流通过。这个电流与人的体质及当时皮肤的干湿程度有关。当皮肤潮湿时电阻就小，皮肤擦破时电阻更小，则通过的电流就大，触电时的危险程度也就越大。同时危险程度与触电者的身体健康状况也有一定关系。如果触电者有心脏病、神经病等，危险性就较健康的人大得多。

（7）人体的电阻。人触电时与人体的电阻有关。人体的电阻一般为 10 000~100 000 Ω，主要是皮肤角质层电阻最大。当皮肤角质层失去时，人体电阻就会降到 800~1 000 Ω。如果皮肤出汗、潮湿和有灰尘（金属灰尘、炭质灰尘）也会使皮肤电阻大大降低。

（三）触电的方式

触电最常见的形式是电击，同时也是最危险的。触电方式一般有以下 4 种。

1.单相触电

"相"指的是火线，单相就是有一根火线（也称相线），三相是指有 3 根火线。人们日常使用的电基本是 220 V 或者 380 V 的。单相电即一根火线和一根零线构成的电能输运形式，必要时会有第三根线（地线）。三相线中如果只有 3 根线，那全部都是火线，如果有 4 根线，那么其中有一根是零线。

人体接触一根火线所造成的触电事故就称为单相触电，单相触电形式最为常见。单相触电又分为中性点接地触电和中性点不接地触电两种，如图 3-6 所示。

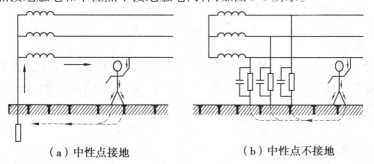

（a）中性点接地　　　　**（b）中性点不接地**

图 3-6　单相触电

（1）中性点接地单相触电。当人体接触其中一根火线时，人体将承受 220 V 的相电压，电流通过人体→大地→中性点接地体→中性点，形成闭合回路，触电后果比较严重。

（2）中性点不接地单相触电。当人体接触一根火线时，触电电流经人体→大地→线路→

对地绝缘电阻(空气)和分布电容形成的两条闭合回路。如果线路绝缘良好,空气阻抗、容抗很大,人体承受的电流就比较小,一般不发生危险;如果绝缘性不好,则危险性就增大。

2.两相触电

两相电的用电器额定电压为380 V,需要接两根火线。人体的两处同时接触两根火线所造成的触电即为两相触电(见图3-7)。当人体同时接触两相火线时,电流经 B 相火线→人体→C 相火线→中性点构成闭合回路。380 V 线电压直接作用于人体,触电电流300 mA 以上,这种触电最为危险。

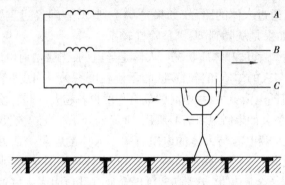

图 3-7　两相触电

3.跨步电压触电

三相线偶有一相断落在地面时,电流通过落地点流入大地,此落地点周围形成一个强电场。距落地点越近,电压越高,影响范围 10 m 左右。当人进入此范围时,两脚之间的电位不同,就形成跨步电压(见图3-8)。跨步电压通过人体的电流就会使人触电。高压线有一相触地尤其危险。在潮湿地面,低压线断线触地形成的跨步电压也在 10 V 以上,对人体也会造成伤害。时间长了就会有生命危

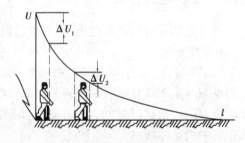

图 3-8　跨步电压触电

险。一旦进入跨步电压区,宜采取的方式为单脚行走或两脚不同时落地行走,步出跨步电压区域。

4.剩余电荷触电

剩余电荷触电是指当人触及带有剩余电荷的设备时,带有电荷的设备对人体放电造成的触电事故。设备带有剩余电荷,通常是由于检修人员在检修中摇表测量停电后的并联电容器、电力电缆、电力变压器及大容量电动机等设备时,检修前、后没有对其充分放电所造成的。

(四)常见的触电事故

用电中可能发生不同形式的触电事故,常见的触电形式有如下几种:

(1)触碰到带电的物体。这种触电往往是由于用电人员缺乏用电知识或在工作中不注意,不按有关规章和安全工作距离办事等,直接触碰到了裸露在外面的导电体,这种触电是最危险的。

（2）由于某些原因，电气设备绝缘受到破坏而漏电，因没有及时发现或疏忽大意，人体触碰了漏电的设备。

（3）由于外力的破坏等原因，如雷击、弹打等，致使带电的导线断落地上，导线周围将有大量的扩散电流向大地流入，将出现高电压，人行走时跨入了有危险电压的范围，造成跨步电压触电。

（4）高压送电线路处于大自然环境中，由于风力等摩擦或因与其他带电导线并架等原因，受到感应，在导线上带了静电，工作时不注意或未采取相应措施，上杆作业时触碰带有静电的导线而触电。

（五）施工用电中避免触电、电弧烧伤事故的建议

（1）严禁非电工拆、装施工用电设施。

（2）导线进出开关柜或配电箱的线段，应加强绝缘并采取固定措施。

（3）用电设备的电源引线不得大于 5 m，距离大于 5 m 的应设便携式电源箱或卷线轴。便携式电源箱或卷线轴至固定式开关柜或配电箱之间的引线长度不得大于 40 m，并应该用橡胶软电缆。

（4）闸刀型电源开关严禁带负荷拉闸。

（5）严禁将电线直接钩挂在闸刀上或直接插入插座内使用。

（6）严禁一个开关接两台或两台以上的电动设备。

（7）在对地电压低于 250 V 的低压电路上带电作业时，被拆除或接入的线路，必须不带任何负荷，相间及相对地应有足够的距离，并应满足工作人员及操作工具不同时触及不同相导体；同时，应有可靠的绝缘措施，并应设专人监护；按要求办理安全施工作业票。

（六）触电事故急救知识

（1）万一有人触了电，能不能用手把触电者拉下来？

人触电后，人体的肌肉就会不由自主地收缩，造成昏迷不醒，甚至发生假死现象。如果能立即断开电源，施行人工呼吸法进行抢救，大多数触电者是可以救活的。但是在急救中，救护者千万不能用光手去接触和拉触电者。一方面，在没有断开电源之前，触电者的身上有电，如果光手去救，救护者也要触电；另一方面，由于触电者肌肉收缩，往往把电线和带电的物体抓得很紧，只有切断电源（见图3-9），触电者才能自动放开触电的物体（这时必须防止触电者跌倒摔伤），然后再实施人工呼吸法或采取其他措施。

（2）有人触电时，用什么方法使其脱离电线？

有人碰上了电线，必须想办法使其离开带电的物体，因为电流通过人体的时间越长，危险就越大。如果触电者触电的场所离控制电源开关、保险盒或插座较近时，最简单的办法是断开电源，这时电流就不会继续通过触电者的身体。如果触电者触电的场所离电源开关很远，不能很快地断开电源开关时，可以用不导电的物体，如干燥的木棒、竹竿、衣服、绝缘绳索等（千万不能用导电物品），

图3-9 先关掉电源再救触电者

将触电者所接触的电线挑开,或者把触电者拉开,使之与电源隔离(见图3-10)。如果当时除了用手把触电者从电源上拉下来以外,再没有其他更好的办法时,救护者最好能戴上橡胶手套,如果没有橡胶手套,可以把干燥的围巾或呢制帽子等套在手上,或给触电者身上披上胶皮布或者其他不导电的干燥布衣服等,再去抢救。如果没有这些东西,救护者可以穿上胶皮鞋站在干燥的木板或不导电的垫子、衣服堆上进行抢救。抢救时只能用一只手去拉触电者,另一只手绝不能碰到其他导电的物体,以免发生危险。如果在抢救过程中,只能用切断电线的办法使触电者脱离电源时,更应特别小心。这时可用干燥木柄的斧头或装有绝缘柄的钳子,把带电导线砍断或剪断。切断电源时,应该把触电回路的导线全部切断。但是,必须一根一根地砍断或剪断,不能几根导线一起割断,不然会引起相间短路,发生其他事故。

图 3-10 用绝缘体挑开电线

拓展与提高

一般安全用电须知

触电能造成人烧伤或死亡,但是事故的多数原因是人为造成的。用电中注意以下问题,可以预防触电事故。

(1)损坏的开关、插座、电线等应尽快修理或更换,不要继续使用。

(2)不懂电气技术知识或一知半解的人,对电气设备不要乱拆、乱装,更不要乱接电线。

(3)灯头用的软线不要东拉西扯,不要往铁线上搭,灯头距地不要太低。

(4)电灯开关最好用拉线开关,尤其是在土地潮湿的房间里,不要用床头开关或灯头开关。

(5)屋内电线太乱或发生问题时,一定要找电气承装部门或电工来维修,不要私自搭接。

(6)拉铁丝搭东西时,千万不要碰到附近的电线。

(7)屋外电线和进户线要架设牢固,以免被风吹断,发生危险。

（8）外线折断时，不要靠近或用手去触碰，应找人看守，并尽快通知电工修理。

（9）不要用湿手、湿脚触碰电气设备，也不要碰开关插座，以免触电。

（10）大扫除时，不要用湿抹布擦电线、开关和插座，也不要用水冲洗电线及各种用电器具、电灯和收音机等。

（11）架设收音机、电视机和矿石收音机的天线，不要靠近电力线，以免天线被风吹断落在电力线上而发生危险。

（12）当灯头的螺丝口露在灯口外面时，应安装灯伞形成保护圈，或换用能把螺丝口包上的长灯头，以免开闭灯时触电。

（13）教育子女不要玩弄开关、插座、收音机和其他各种电器等，以免发生危险。

（14）不要把衣服或手巾搭在电线上。

（15）移动台灯、收音机、电视机等电器时，必须先断开电源，然后再移动。

（16）看见儿童攀登或摇晃电线杆时，应及时制止，并教育他们不要在电线杆附近玩耍，以免发生危险。

（17）上房顶晒东西时，注意别碰到房上的电线，以免触电。

（18）儿童不要在电线旁放风筝，以免风筝挂在电线上发生事故。

（19）保险盒要完好，保险丝熔断时必须及时找出原因，换上同等容量的保险丝，不可用铜丝或铁丝代替。

（20）广播喇叭线不能和电力线混在一起，以免因绝缘不良，喇叭线碰到电力线上发生危险。

（21）确保电气设备的可靠接地。

（22）确保电焊机的正确使用。

（23）确保高压试验的正确放电及对感应体放电。

（24）确保高压试验的双重接地线的布置。

（25）安装或维修电气设备时的正确着装：戴绝缘手套、穿绝缘靴、着棉布衣服。

（26）确保人的精神状况（与人体电阻有关）。

 思考与练习

（一）单项选择题（下列各题中，只有一个最符合题意，请将其编号填写在括号内）

1.一般当人体通过（　　　）A 的电流就会有生命危险。

A.0.000 6　　　　　　　　　　　　　B.0.002

C.0.05　　　　　　　　　　　　　　D.0.1

2.从人触碰的电压情况来看，（　　　）V 以下的电压为安全电压，高于这个电压人触碰后都将是危险的。

A.36   B.48

C.220   D.380

3.人体的电阻一般为 10 000~100 000 Ω,主要是(　　)电阻最大。

A.头发   B.皮肤角质层

C.指甲   D.牙齿

4.用电设备的电源引线不得大于(　　)m。

A.5   B.8

C.10   D.12

(二)多项选择题(下列各题中,至少有两个答案符合题意,请将其编号填写在括号内)

1.电流通过人体,对人的身体和内部组织造成不同程度的损伤,这种损伤包括(　　)。

A.烧伤   B.烫伤

C.电击   D.电伤

E.坏死

2.触电方式一般有(　　)。

A.单相触电   B.两相触电

C.跨步电压触电   D.剩余电荷触电

E.三相触电

3.日常用电中可能发生各种不同形式的触电事故,从总的情况来看,常见的触电形式有(　　)。

A.触碰了带电的物体

B.由于某些原因,电气设备绝缘受到破坏而漏电,因没有及时发现或疏忽大意,触碰了漏电的设备

C.由于外力破坏等原因,如雷击、弹打等,使送电的导线断落在地上,导线周围将有大量的扩散电流向大地流入,将出现高电压,人行走时跨入了有危险电压的范围,造成跨步电压触电

D.由于电气设备的可靠接地而触电

E.高压送电线路处于大自然环境中,由于风力摩擦或因与其他带电导线并架等原因,受到感应,在导线上带了静电,工作时不注意或未采取相应措施,上杆作业时触碰带有静电的导线而触电

(三)判断题(请在你认为正确的题后括号内打"√",错误的题后括号内打"×")

1.电流通过人体的路径,如果是从手到脚,则危险性较小。 (　　)

2.人体处于电流作用下,时间越长获救的可能性越大。 (　　)

3.一旦进入跨步电压区,宜采取的方式是:两脚同时落地跳跃行走,步出跨步电压区域。 (　　)

4.施工用电中采用便携式电源箱或卷线轴时,距固定式开关柜或配电箱之间的引线长度不得大于 40 m,并应用橡胶软电缆。 (　　)

5.施工用电时严禁将电线直接钩挂在闸刀上或直接插入插座内使用。 (　　)

任务三 掌握常见机械伤害的防治方法

 任务描述与分析

随着社会生产力的不断发展,机械在建筑行业中的使用越来越广泛,相应的机械伤害也越来越多。本任务将介绍常见的机械伤害和防治方法。

 知识与技能

(一)人为原因造成的机械伤害

机械伤害是指机械做出强大的功作用于人体的伤害。机械伤害事故的后果相对惨重,如因搅缠、挤压、碾压、被弹出物体击中致死伤等。当发现有人被机械伤害时,虽及时紧急停止设备运行,但因设备惯性作用,仍可使受害者受到致死性伤害。常见伤害人体的机械设备有皮带运输机、球磨机、行车、卷扬机、干燥车、气锤、车床、辊筒机、混砂机、螺旋输送机、泵、压模机、灌肠机、破碎机、推焦机、榨油机、硫化机、卸车机、离心机、搅拌机、轮碾机、制毡撒料机、滚筒筛等,如图3-11所示。

图3-11 各类施工机械图

造成机械伤害的事故其主要原因有:

(1)检修、检查机械时忽视安全措施。如人进入设备(球磨机等)检修、检查作业时,因未切断电源、未挂"不准合闸"警示牌、未设专人监护等原因而造成严重后果;也有的因当时受定时电源开关作用或发生临时停电等因素误判而造成事故;也有的虽然对设备断电,但因未等到设备惯性运转彻底停止就开始工作,同样造成严重后果。

(2)缺乏安全装置。如有的机械传动带、齿机、接近地面的联轴节、皮带轮、飞轮等易伤害人体部位没有完好的防护装置;有的人孔、投料口绞笼井等部位缺护栏及盖板,且无警示牌,人一旦疏忽误接触这些部位,就会造成事故。

(3)电源开关布局不合理。一种是有了紧急情况无法立即停机,另一种是多台机械开关设在一起,极易造成因误开机械而引发的严重后果。

(4)自制或任意改造机械设备,不符合安全要求。

(5)在机械运行中进行清理、卡料、上皮带蜡等作业。

(6)随意进入机械运行危险作业区(采样、借道、拣物等)。

(7)不具备操作机械能力要求的人员上岗或其他人员随意碰触机械。

(二)机械原因造成的伤害

机械的不安全状态,如机器的安全防护设施不完善,通风、防毒、防尘、照明、防震、防噪声以及气象条件等安全卫生设施缺乏均能诱发事故。机械所造成伤害事故的危险源常常存在于下列部位:

(1)旋转的机件具有将人体或物体从外部卷入的危险,如机床的卡盘、钻头、铣刀;传动部件和旋转轴的突出部分有钩挂衣袖、裤腿、长发等而将人卷入的危险;风翅、叶轮有绞碾的危险;相对接触而旋转的滚筒有将人卷入的危险。

(2)作直线往复运动的部位存在着撞伤和挤伤的危险;冲压、剪切、锻压等机械的模具、锤头、刀口等部位存在着撞压、剪切的危险。

(3)机械的摇摆部位存在撞击的危险。

(4)机械的控制点、操纵点、检查点、取样点、送料过程等也都存在着潜在危险因素。

(三)机械伤害的防治措施

(1)检修机械必须严格执行断电挂"禁止合闸"警示牌和设专人监护的制度。机械断电后,必须确认其惯性运转已彻底结束后才可进行工作。机械检修完毕试运转前,必须对现场进行细致检查,确认机械部位人员全部撤离才可取牌合闸。检修试车时,严禁有人留在设备内进行点车。

(2)炼胶机等人手直接频繁接触的机械,必须有完好紧急制动装置,制动按钮位置必须使操作者在机械作业活动范围内随时可触及;机械设备各传动部位必须有可靠防护装置;人孔、投料口、螺旋输送机等部位必须有盖板、护栏和警示牌;作业环境保持整洁卫生。

(3)各机械开关布局必须合理,必须符合两条标准:一是便于操作者紧急停车,二是避免误开动其他设备。

(4)对机械进行清理积料、捅卡料、上皮带腊等作业,应遵守停机断电挂警示牌制度。

(5)严禁无关人员进入危险因素大的机械作业现场,非本机械作业人员因事必须进入的,要先与当班机械作业者取得联系,有安全措施方可进入。

(6)操作各种机械的人员必须经过专业培训,掌握该设备性能的基础知识,经考试合格后,持证上岗。上岗作业中,必须细心操作,严格执行有关规章制度,正确使用劳动防护用品,严禁无证人员开动机械设备。

(四)机械伤害的救治

1.手外伤的急救原则

机械伤害人体最多的部位是手,因为手在劳动中与机械接触最为频繁。发生断手、断指等严重情况时,对伤者伤口要进行包扎止血、止痛,进行半握拳状的功能固定。对断手、断指应进行消毒,并用清洁敷料包好,切忌将断指浸入酒精等消毒液中,以防细胞坏死。将包好的断手、断指放在无泄漏的塑料袋内,扎紧袋口,在塑料袋周围放置冰块(或用冰棍代替),速随伤者送医院进行处理。

2.发生头皮撕裂伤的急救措施

发生头皮撕裂伤可采取以下急救措施:

(1)必须及时对伤者进行抢救,采取止痛及其他对症措施。

(2)用生理盐水冲洗有伤部位,涂红汞后用消毒大纱布、消毒棉花紧紧包扎,压迫止血。

(3)使用抗生素,注射抗破伤风血清,预防感染。

(4)送医院进一步治疗。

拓展与提高

施工企业建立健全应急预案组织机构

(1)日常备有应急物资,如简易担架、跌打损伤药品、纱布等。

(2)做好人员分工,在事故发生时进行应急抢救。

(3)一旦有事故发生,首先要高声呼喊,通知现场安全员,马上拨打急救电话,并向上级领导及有关部门汇报。

(4)事故发生后,马上组织抢救伤者,首先观察伤者受伤情况、部位,工地卫生员进行临时治疗,如现场包扎、止血等措施,防止伤者因流血过多而死亡。

(5)重伤人员应马上送往医院救治,一般伤员在等待救护车的过程中,相关人员有程序地处理事故,最大限度地减少人员伤亡和财产损失。

思考与练习

(一)单项选择题(下列各题中,只有一个最符合题意,请将其编号填写在括号内)

1.机械做出强大的功作用于人体的伤害是(　　)。

A.打击伤害　　　　　　　　B.跌落伤害

C.机械伤害　　　　　　　　D.人为伤害

2.人进入设备(球磨机等)检修、检查作业,因未切断电源、未挂"不准合闸"警示牌、未设专人监护等措施而造成严重后果,其造成机械伤害事故的原因是(　　)。

A.缺乏安全装置

B.电源开关布局不合理

C.检修、检查机械忽视安全措施

D.不具备操作机械能力要求的人员上岗

3.机械伤害人体最多的部位是(　　)。

A.手　　　　　　　　　　　B.脚

C.头发　　　　　　　　　　D.头

(二)多项选择题(下列各题中,至少有两个答案符合题意,请将其编号填写在括号内)

1.下列属于造成机械伤害的事故主要原因的有(　　)。

A.检修、检查机械忽视安全措施

B.缺乏安全装置

C.自制或任意改造机械设备

D.不具备操作机械能力要求的人员上岗

E.在机械运行中进行清理作业

2.下列属于机械不安全状态的有(　　)。

A.机器的安全防护设施不完善　　B.通风不良

C.照明照度不够　　　　　　　　D.无防毒措施

E.工人无证操作

3.下列属于机械伤害的防治措施有(　　)。

A.检修机械必须严格执行断电、挂"禁止合闸"警示牌和设专人监护的制度

B.严禁无关人员进入危险因素大的机械作业现场

C.操作各种机械人员必须经过专业培训,掌握该设备性能的基础知识,经考试合格后,持证上岗

D.各机械开关布局必须合理,应符合两条标准:一是便于操作者紧急停车,二是避免误开动其他设备

E.对机械进行积料清理、捅卡料、上皮带腊等作业时,应遵守停机断电挂警示牌制度

(三)判断题(请在你认为正确的题后括号内打"√",错误的题后括号内打"×")

1.随意进入机械运行危险作业区(采样、借道、拣物等)是造成机械伤害的人为原因之一。

(　　)

2.机械检修完毕试运转前,必须对现场进行细致检查,确认机械部位人员全部撤离才可取牌合闸。

(　　)

3.冲压、剪切、锻压等机械的模具、锤头、刀口等部位存在着撞压、剪切的危险是人为原因造成的。

(　　)

4.机械开关布局应符合两条标准:一是便于操作者紧急停车,二是避免误开动其他设备。

(　　)

5.发生断手、断指等严重情况时,对伤者伤口要进行包扎止血、止痛,进行手掌展开固定。

(　　)

任务四　了解建筑施工意外伤害保险与索赔办法

 任务描述与分析

建筑行业是安全事故多发领域,施工企业遇到安全事故,特别是发生伤残、死亡等后果的事故后,如果处置不当,会引发停工等群体性事件,从而严重影响施工顺利进行。对于广大的普通索赔者来说,如何为自己、为家人争取更多的利益,得到公平的赔偿,是社会广泛关注的问题。2010 年 7 月 1 日,新的《中华人民共和国侵权责任法》(以下简称《侵权责任法》)正式颁布实施,这将为处理建筑事故人身伤害赔偿提供新的标准和依据。

 知识与技能

(一)劳动部门的工伤认定程序

根据处理类似事故赔偿案件的经验,建筑施工意外伤害事故纠纷一般通过 3 种渠道解决:一是较为常见的协商解决,即根据双方的实际情况协商确定赔偿数额;二是通过法院进行人身伤害赔偿诉讼解决;三是通过劳动部门工伤认定仲裁解决。

建筑事故大多发生在施工期间,因此从劳动法层面上讲,也属于工伤范畴,如果双方具有稳定、长期的劳动关系(在建筑领域一般是指工程管理人员),也可以通过劳动部门的工伤程序来要求单位赔偿。需要特别说明的是,如果单位没有为职工缴纳工伤保险,该单位则应当按照工伤保险赔偿标准给予一次性赔偿。

1.工伤保险制度

工伤保险,又称职业伤害保险,是指劳动者在工作中或在规定的特殊情况下,遭受意外伤害或患职业病导致暂时或永久丧失劳动能力甚至死亡时,劳动者或其遗属从国家和社会获得物质帮助的一种社会保险制度。

劳动者因工负伤或患职业病暂时失去劳动能力,不管什么原因,无论责任在个人还是在企业,都享有社会保险待遇,即补偿不究过失原则。

工伤保险是通过社会统筹的办法,集中用人单位缴纳的工伤保险费,建立工伤保险基金,对劳动者在生产经营活动中遭受意外伤害或职业病,并由此造成死亡、暂时或永久丧失劳动能力时,给予劳动者及其家属法定的医疗救治以及必要的经济补偿的一种社会保障制度。这种补偿既包括医疗、康复所需费用,也包括保障基本生活的费用。

2.工伤认定范围

(1)在工作时间和工作场所内,因工作原因受到事故伤害的;

(2)工作时间前后在工作场所内,从事与工作有关的预备性或者收尾性工作受到事故伤害的;

（3）在工作时间和工作场所内,因履行工作职责受到暴力等意外伤害的;

（4）患职业病的;

（5）因工外出期间,由于工作原因受到伤害或者发生事故下落不明的;

（6）在上下班途中,受到机动车事故伤害的;

（7）在工作时间和工作岗位,突发疾病死亡或者在 48 h 之内经抢救无效死亡的;

（8）在抢险救灾等维护国家利益、公共利益活动中受到伤害的;

（9）职工原在军队服役,因战、因公负伤致残,已取得革命伤残军人证,到用人单位后旧伤复发的。

但是,一般下列情况不属于工伤,如犯罪或者违反治安管理条例伤亡的、醉酒导致伤亡的、自残或者自杀的。

3.工伤处理程序

工伤的处理程序是:首先由单位或者个人自行向当地劳动部门申请工伤认定,这是获得赔偿的前提;认定工伤后应当评定残疾等级和丧失劳动能力的程度,这是计算赔偿数额的依据;如果单位不赔偿,可以向当地劳动仲裁部门提起仲裁请求,由仲裁委员会依法裁决;裁决双方当事人不服裁决的,可以向当地人民法院提起民事诉讼,进入两审终审的诉讼程序。

4.工伤赔偿标准

1）死亡赔偿标准

（1）丧葬补助金为 6 个月的统筹地区上年度职工月平均工资。

（2）供养亲属抚恤金按照职工本人工资的一定比例发给由因工死亡职工生前提供主要生活来源、无劳动能力的亲属。标准为:配偶每月 40%,其他亲属每人每月 30%,孤寡老人或者孤儿每人每月在上述标准的基础上增加 10%。核定的各供养亲属的抚恤金之和不应高于因工死亡职工生前的工资。

（3）一次性工伤死亡补助金标准为 48～60 个月的统筹地区上年度职工月平均工资。

2）因工伤残根据工伤鉴定结果赔偿标准

（1）一级工伤赔偿标准:保留劳动关系,退出工作岗位(注:假如未退出工作岗位,应继续享受原工资待遇)。从工伤保险基金中支付一次性伤残补助金,标准为 27 个月的本人工资。从工伤保险基金中按月支付伤残津贴,标准为工资的 90%,伤残津贴实际金额低于当地最低工资标准的,由工伤保险基金补足差额。工伤职工达到退休年龄并办理退休手续后,停发伤残津贴,享受基本养老保险待遇。基本养老保险待遇低于工资标准的,由工伤保险基金补足差额。

（2）二级工伤赔偿标准:保留劳动关系,退出工作岗位(注:假如未退出工作岗位,应继续享受原工资待遇)。从工伤保险基金中支付一次性伤残补助金,标准为 25 个月的本人工资。从工伤保险基金中按月支付伤残津贴,标准为工资的 85%,伤残津贴实际金额低于当地最低工资标准的,由工伤保险基金补足差额。工伤职工达到退休年龄并办理退休手续后,停发伤残津贴,享受基本养老保险待遇。基本养老保险待遇低于工资标准的,由工伤保险基金补足差额。

（3）三级工伤赔偿标准:保留劳动关系,退出工作岗位(注:假如未退出工作岗位,应继续享受原工资待遇)。从工伤保险基金中支付一次性伤残补助金,标准为 23 个月的本人工资。从工伤保险基金中按月支付伤残津贴,标准为工资的 80%,伤残津贴实际金额低于当地最低工资标准的,由工伤保险基金补足差额。工伤职工达到退休年龄并办理退休手续后,停发伤残津贴,享受基本养老保险待遇。基本养老保险待遇低于工资标准的,由工伤保险基金补足差额。

(4)四级工伤赔偿标准:保留劳动关系,退出工作岗位(注:假如未退出工作岗位,应继续享受原工资待遇)。从工伤保险基金中支付一次性伤残补助金,标准为 21 个月的本人工资。从工伤保险基金中按月支付伤残津贴,标准为工资的 75%,伤残津贴实际金额低于当地最低工资标准的,由工伤保险基金补足差额。工伤职工达到退休年龄并办理退休手续后,停发伤残津贴,享受基本养老保险待遇。基本养老保险待遇低于工资标准的,由工伤保险基金补足差额。

(5)五级工伤赔偿标准,从工伤保险基金中按伤残等级支付一次性伤残补助金,标准为 18 个月的本人工资。保留与用人单位的劳动关系,由用人单位安排适当工作。难以安排工作的,由用人单位按月发给伤残津贴,标准为本人工资的 70%,并由用人单位按照规定为其缴纳应缴纳的各项社会保险费。伤残津贴实际金额低于当地最低工资标准的,由用人单位补足差额。经工伤职工本人提出,该职工可以与用人单位解除或终止劳动关系,由用人单位支付一次性工伤医疗补助金和伤残就业补助金,具体标准由省、自治区、直辖市人民政府规定。

(6)六级工伤赔偿标准:从工伤保险基金中按伤残等级支付一次性伤残补助金,标准为 16 个月的本人工资。保留与用人单位的劳动关系,由用人单位安排适当工作。难以安排工作的,由用人单位按月发给伤残津贴,标准为本人工资的 60%,并由用人单位按照规定为其缴纳应缴纳的各项社会保险费。伤残津贴实际金额低于当地最低工资标准的,由用人单位补足差额。经工伤职工本人提出,该职工可以与用人单位解除或终止劳动关系,由用人单位支付一次性工伤医疗补助金和伤残就业补助金,具体标准由省、自治区、直辖市人民政府规定。

(7)七级工伤赔偿标准:从工伤保险基金中,按伤残等级支付一次性伤残补助金,标准为 13 个月的本人工资。劳动合同期满终止,或者职工本人提出解除劳动合同的,由用人单位支付一次性工伤医疗补助金和伤残就业补助金,具体标准由省、自治区、直辖市人民政府规定。

(8)八级工伤赔偿标准:从工伤保险基金中,按伤残等级支付一次性伤残补助金,标准为 11 个月的本人工资。劳动合同期满终止,或者职工本人提出解除劳动合同的,由用人单位支付一次性工伤医疗补助金和伤残就业补助金,具体标准由省、自治区、直辖市人民政府规定。

(9)九级工伤赔偿标准:从工伤保险基金中,按伤残等级支付一次性伤残补助金,标准为 9 个月的本人工资。劳动合同期满终止,或者职工本人提出解除劳动合同的,由用人单位支付一次性工伤医疗补助金和伤残就业补助金,具体标准由省、自治区、直辖市人民政府规定。

(10)十级工伤赔偿标准:从工伤保险基金中,按伤残等级支付一次性伤残补助金,标准为 7 个月的本人工资。劳动合同期满终止,或者职工本人提出解除劳动合同的,由用人单位支付一次性工伤医疗补助金和伤残就业补助金。具体标准由省、自治区、直辖市人民政府规定。

(二)人身伤害赔偿诉讼程序

由于建筑行业的特殊性,建筑领域内农民工、临时用工等较为普遍。因此在发生建筑事故后,也可以通过雇佣人身损害赔偿程序来处理。目前我国法律对人身伤害事故赔偿作出规定的主要是《侵权责任法》以及最高人民法院对人身损害、精神损害赔偿的司法解释,这是法院判决的主要依据。由于人身伤害赔偿计算方式比较简便,因此,在双方协商过程中可以计算出基础赔偿数额供双方协商时参考,使双方的协商有个基础底线。

1.根据被害人情况赔偿费用计算方式

(1)轻伤害赔偿项目。因治疗支出的各项费用以及因误工减少的收入,包括医疗费、误工费、护理费、交通费、住宿费、住院伙食补助费、必要的营养费,赔偿义务人应当予以赔偿。

(2)伤害致残赔偿项目。除了上述医疗费、误工费、护理费、交通费、住宿费、住院伙食补助费、必要的营养费,还应就受害人残疾后生活上增加支出的必要费用以及因丧失劳动能力导致的收入损失,包括残疾赔偿金、残疾辅助器具费、被扶养人生活费,以及因康复护理、继续治疗实际发生的必要的康复费、护理费、后续治疗费,赔偿义务人也应当予以赔偿。同时,由于残疾给被害人及家属造成了精神损害,应当额外支付一定数额的精神损害抚慰金。

(3)致人死亡赔偿项目。受害人死亡的,应当赔偿抢救治疗所付出的医疗费用以及丧葬费、被扶养人生活费、死亡补偿费以及受害人亲属办理丧葬事宜支出的交通费、住宿费和误工损失等其他合理费用。同时,由于被害人死亡给其家属造成重大精神伤害,还需要额外支付一定数额的精神损害抚慰金。虽然从目前法律来看,还是根据被害人户籍有不同的赔偿标准,但是需要特别注意的是,根据新颁布的《侵权责任法》规定,由于同一次事故导致多人死亡,被害人户籍不同的,可以按照相同数额给予赔偿。

2.各项赔偿费用的计算方式

1)医疗费

医疗费根据医疗机构出具的医药费、住院费等收款凭证确定。医疗费的赔偿数额,按照一审法庭辩论终结前实际发生的数额确定。器官功能恢复训练所必要的康复费、适当的整容费以及其他后续治疗费,赔偿权利人可以待实际发生后另行起诉。但根据医疗证明或者鉴定结论确定必然发生的费用,可以与已经发生的医疗费一并予以赔偿。

2)误工费

误工费根据受害人的误工时间和收入状况确定。误工时间根据受害人接受治疗的医疗机构出具的证明确定。受害人因伤致残持续误工的,误工时间可以计算至定残日前一天。受害人有固定收入的,误工费按照实际减少的收入计算。受害人无固定收入的,按照其最近三年的平均收入计算;受害人不能证明其最近三年的平均收入状况的,可以参照受诉法院所在地相同或者相近行业上一年度职工的平均工资计算。

3)住院伙食补助费

住院伙食补助费可以参照当地国家机关一般工作人员的出差伙食补助标准予以确定。受害人确有必要到外地治疗,因客观原因不能住院,受害人本人及其陪护人员实际发生的住宿费和伙食费,其合理部分应予赔偿。

4)护理费

护理费根据护理人员的收入状况和护理人数、护理期限确定。护理人员有收入的,参照误工费的规定计算;护理人员没有收入或者雇佣护工的,参照当地护工从事同等级别护理的劳务报酬标准计算。护理人员原则上为1人,但医疗机构或者鉴定机构有明确意见的,可以参照确定护理人员人数。护理期限应计算至受害人恢复生活自理能力时止。受害人因残疾不能恢复生活自理能力的,可以根据其年龄、健康状况等因素确定合理的护理期限,但最长不超过20年。受害人定残后的护理,应当根据其护理依赖程度并结合配制残疾辅助器具的情况确定护理级别。

5)残疾者生活补助费

根据受害人丧失劳动能力程度或者伤残等级,按照受诉法院所在地上一年度城镇居民人均可支配收入或者农村居民人均纯收入标准,自定残之日起按 20 年计算。但 60 周岁以上的,年龄每增加 1 岁减少 1 年;75 周岁以上的,按 5 年计算。

6)残疾辅助器具费

残疾辅助器具费按照普通适用器具的合理费用标准计算。辅助器具的更换周期和赔偿期限参照配制机构的意见确定。

7)丧葬费

按照受诉法院所在地上一年度 6 个月职工月平均工资标准总额计算。

8)死亡补偿费

按照受诉法院所在地上一年度城镇居民人均可支配收入或者农村居民人均纯收入标准,按 20 年计算。但 60 周岁以上的,年龄每增加 1 岁减少 1 年;75 周岁以上的,按 5 年计算。

9)被扶养人生活费

被扶养人生活费根据扶养人丧失劳动能力程度,按照受诉法院所在地上一年度城镇居民人均消费性支出和农村居民人均年生活消费支出标准计算。被扶养人为未成年人的,计算至 18 周岁;被扶养人无劳动能力又无其他生活来源的,计算 20 年。但 60 周岁以上的,年龄每增加 1 岁减少 1 年;75 周岁以上的,按 5 年计算。被扶养人是指受害人依法应当承担扶养义务的未成年人或者丧失劳动能力又无其他生活来源的成年近亲属。被扶养人还有其他扶养人的,赔偿义务人只赔偿受害人依法应当负担的部分。被扶养人有数人的,年赔偿总额累计不超过上一年度城镇居民人均消费性支出额或者农村居民人均年生活消费支出额。

10)交通费

交通费根据受害人及其必要的陪护人员因就医或者转院治疗实际发生的费用计算;应当以正式票据为凭,有关凭据应当与就医地点、时间、人数、次数相符合。

11)住宿费

住宿费按照交通事故发生地国家机关一般工作人员的出差住宿标准计算,按凭据支付。参加处理事故的当事人亲属所需交通费、误工费、住宿费参照有关规定计算,按照当事人的交通事故责任分担,但计算费用的人数不得超过 3 人。

(三)事故的协商调解

事故的协商调解是建筑领域内常用的处理方式,即由施工单位和被害人家属直接协商,达成赔偿意向。根据律师经验,一般这种方式要注意以下几点:一是赔偿数额要合理、合法。由于事故发生后被害人家属情绪比较激动,因此会提出一些不合理的要求,对此,施工企业应当及时咨询律师,根据被害人情况以及上述工伤、伤害赔偿标准计算出一个合理的数字作为双方协商的基础,并说明这个数字的法律依据,或者建议被害人家属咨询律师等专业人士后再行协商,这样可减轻协商的难度。二是要签订书面赔偿协议。为了防止某一方反悔,最好是拟订书面赔偿协议,约定领款人、领款人与被害人关系、数额、支付时间和方式、付款方式等,需要注意的是,一定要约定清楚一次性赔偿包括的费用项目,否则有疑义一方还有重新起诉的权利。

拓展与提高

工伤认定的相关规定

（1）用人单位发生伤亡事故，应及时报告统筹地区社会保险行政部门，最长不超过48 h。

（2）职工发生事故伤害或者按照职业病防治法规定被诊断、鉴定为职业病，所在单位应当自事故伤害发生之日或者被诊断、鉴定为职业病之日起30日内，向统筹地区社会保险行政部门提出工伤认定申请。遇有特殊情况，经报统筹地区社会保险行政部门同意，申请时限可以延长30日。

用人单位未按照前款规定提出工伤认定申请的，工伤职工或者其近亲属、工会组织在事故伤害发生之日或者被诊断、鉴定为职业病之日起1年内，可以直接向用人单位所在地统筹地区社会保险行政部门提出工伤认定申请。

（3）用人单位注册地与生产经营地不在同一统筹地区的，职工工伤认定由参加工伤保险地的社会保险行政部门负责；用人单位未给职工参加工伤保险的，职工工伤认定由生产经营地的社会保险行政部门负责。

（4）提出工伤认定申请应当提交下列材料：

①工伤认定申请表。

②与用人单位存在劳动关系（包括事实劳动关系）的证明材料。

③医疗诊断证明或者职业病诊断证明书（或者职业病诊断鉴定书）。

（5）因下列情形提出工伤认定申请的，除提交上述材料外，还应当提交以下证明材料：

①在工作时间和工作场所内，因履行工作职责受到暴力等意外伤害的，提交公安机关或者人民法院针对暴力伤害所出具的法律文书。

②在抢险救灾中或者因工外出期间发生事故下落不明的，提交人民法院所出具的宣告失踪或者宣告死亡法律文书。

③在上下班途中，受到非本人主要责任的交通事故或者城市轨道交通、客运轮渡、火车事故伤害的，提交有关部门所出具的法律文书或者人民法院的生效裁决。

④在工作时间和工作岗位突发疾病死亡的，提交医疗卫生机构所出具的疾病死亡证明书；在工作时间和工作岗位突发疾病，48 h内经抢救无效死亡的，提交医疗卫生机构所出具的抢救记录和疾病死亡证明书。

⑤在抢险救灾等维护国家利益、公共利益活动中受到伤害的，提交有关部门所出具的证明材料。

⑥职工原在军队服役，因战、因公负伤致残，到用人单位后旧伤复发的，需提交革命伤残军人证和劳动能力鉴定委员会所出具的旧伤复发确认证明书。

（6）职工或者其近亲属认为是工伤，用人单位不认为是工伤的，用人单位应当自收到社会保险行政部门通知之日起15日内提交证明材料。

用人单位逾期未举证的，社会保险行政部门可以根据受伤害职工或者其近亲属提供的证据或者调查取得的证据，依法作出工伤认定决定。

 ## 思考与练习

（一）单项选择题（下列各题中，只有一个最符合题意，请将其编号填写在括号内）

1.下列不属于工伤认定范围的是（　　）。

A.在工作时间和工作场所内，因工作原因受到事故伤害的

B.在上下班途中，因寻衅滋事被他人伤害的

C.在工作时间和工作场所内，因履行工作职责受到暴力等意外伤害的

D.因工外出期间，由于工作原因受到伤害或者发生事故下落不明的

2.被扶养人生活费根据扶养人丧失劳动能力程度，按照受诉法院所在地上一年度城镇居民人均消费性支出和农村居民人均年生活消费支出标准计算。被扶养人为未成年人的，（　　）。

A.计算20年　　　　　　　　　B.年龄每增加1岁减少1年

C.计算至18周岁　　　　　　　D.按5年计算

3.六级工伤赔偿标准：从工伤保险基金中按伤残等级支付一次性伤残补助金，标准为（　　）个月的本人工资。

A.6　　　　　　　　　　　　　B.8

C.12　　　　　　　　　　　　　D.16

4.供养亲属抚恤金按照职工本人工资的一定比例发给由因工死亡职工生前提供主要生活来源、无劳动能力的亲属，标准为：配偶每月（　　）。

A.40%　　　　　　　　　　　　B.30%

C.20%　　　　　　　　　　　　D.10%

（二）多项选择题（下列各题中，至少有两个答案符合题意，请将其编号填写在括号内）

1.下列属于工伤认定范围的有（　　）。

A.工作时间前后在工作场所内，从事与工作有关的预备性或者收尾性工作受到事故伤害的

B.工作期间犯罪或者违反治安管理伤亡的

C.在工作时间和工作岗位，突发疾病死亡或者在48 h之内经抢救无效死亡的

D.职工原在军队服役，因战、因公负伤致残，已取得革命伤残军人证，到用人单位后旧伤复发的

E.在抢险救灾等维护国家利益、公共利益活动中受到伤害的

2.关于工伤死亡补偿标准,下列说法正确的有( )。

A.丧葬补助金为 6 个月的统筹地区上年度职工月平均工资

B.供养亲属抚恤金按照职工本人工资的一定比例发给由因工死亡职工生前提供主要生活来源、无劳动能力的亲属

C.24 个月的本人工资

D.22 个月的本人工资

E.一次性工亡补助金标准为 48~60 个月的统筹地区上年度职工月平均工资

3.下列属于伤害致残赔偿项的是( )。

A.医疗费　　　　　　　　B.误工费　　　　　　　　C.残疾赔偿金

D.残疾辅助器具费　　　　E.后续治疗费

(三)判断题(请在你认为正确的题后括号内打"√",错误的题后括号内打"×")

1.工伤的处理程序是首先由单位或者个人自行向当地劳动部门申请工伤认定,这是获得赔偿的前提。　　　　　　　　　　　　　　　　　　　　　　　　　　　( )

2.在工作时间和工作岗位,突发疾病在 48 h 之内经抢救无效死亡的不能认定为工伤。
　　　　　　　　　　　　　　　　　　　　　　　　　　　　　　　　　( )

3.参加处理事故的当事人亲属所需交通费、误工费、住宿费,参照有关规定计算,按照当事人的交通事故责任分担,但计算费用的人数不得超过两人。　　　　　　( )

4.目前我国法律对人身损害事故赔偿作出规定的主要是《侵权责任法》以及最高法院对人身损害、精神损害赔偿的司法解释。　　　　　　　　　　　　　　　　　( )

5.在被扶养人生活费赔偿中,当被扶养人有数人的,年赔偿总额累计不超过上一年度城镇居民人均消费性支出额或者农村居民人均年生活消费支出额。　　　　　　( )

任务五　掌握建筑业常见职业病的防治方法

任务描述与分析

建筑行业的职业病危害问题很突出,涉及的职业病危害因素种类繁多、复杂,几乎涵盖所有类型的职业病危害因素。相当多的建筑施工人员在环境恶劣的施工场所工作,接触各种有毒有害物质,对建筑施工人员的身心健康造成较大影响,也不利于经济的可持续发展。

建筑行业职业病既有施工工艺产生的危害因素,也有自然环境、施工环境产生的危害因素,还有施工过程产生的危害因素;既存在粉尘、噪声、放射性物质和其他有毒有害物质等的危害,也存在高处作业、密闭空间作业、高温作业、低温作业、高原(低气压)作业、水下(高压)作业等产生的危害;劳动强度大、劳动时间长的危害也相当突出。一个施工现场往往同时存在多种职业病危害因素,不同施工过程存在不同的职业病危害因素。

建筑行业职业病危害防护难度大。建筑施工工程类型多、施工地点复杂、作业方式多样,导致职业病危害的多变性,且因受施工现场和条件的限制,往往难以采取有效的工程技术控制

设施,所以本小节只简单地讲解一些建筑业常见职业病的相关知识。

 **知识与技能**

(一)建筑行业主要职业病的分类

(1)尘肺:包括慢性矽肺、急性矽肺和介于两者之间的加速性矽肺等。

(2)职业性放射病:包括外照射急性放射病、外照射亚急性放射病、外照射慢性放射病、内照射放射病等。

(3)职业中毒:包括铅及其化合物中毒,汞及其化合物中毒以及苯、甲醛中毒等。

(4)物理因素职业病:包括中暑、减压病等。

(5)生物因素所致职业病:包括炭疽、森林脑炎等。

(6)职业性皮肤病:包括接触性皮炎、光敏性皮炎等。

(7)职业性眼病:包括化学性眼部烧伤、电光性眼炎等。

(8)职业性耳鼻喉疾病:有噪声聋、铬鼻病等。

(9)职业性肿瘤:包括石棉所致肺癌、间皮癌,联苯胺所致膀胱癌等。

(10)其他职业病:包括职业性哮喘、金属烟热等。

对职业病的诊断,应由省级以上人民政府卫生行政部门批准的医疗卫生机构承担。

(二)常见职业病

1.矽肺病

在当前建筑行业中,墙面腻子和油漆的打磨、工人使用切割机切割瓷砖与打磨石材时,其操作面板会产生许多粉尘,虽然这些粉尘细小,看起来不起眼,而且还无毒,但是仍不能掉以轻心,因为其将导致可怕的职业病——矽肺病。

矽肺病是由于长期吸入大量游离二氧化硅粉尘所引起,以肺部广泛的结节性纤维化为主的疾病。矽肺病是尘肺中较为常见、进展快、危害较为严重的一种类型。临床表现有 3 种形式:慢性矽肺病、急性矽肺病和介于两者之间的加速性矽肺病,这 3 种临床表现形式与接触粉尘浓度、矽肺含量与接尘年限有显著关系,临床以慢性矽肺病最为常见。

慢性矽肺病一般早期无症状或症状不明显,随着病情的进展可出现多种症状。症状无特异性,而且症状轻重往往与矽肺病变并不一致;气促经常较早出现,呈进行性加重;早期常感胸闷、胸痛,胸痛较轻微,为胀痛、隐痛或刺痛,与呼吸、体位及劳动无关。胸闷和气促的程度与病变的范围及性质有关。早期由于吸入矽尘可出现刺激性咳嗽,并发感染及吸烟者可有咳痰,少数患者有血痰,合并肺结核、肺癌或支气管扩张时可反复或大量咳血。患者还会有头昏、乏力、失眠、心悸、胃纳不佳等症状。Ⅲ期矽肺由于大块纤维化使肺组织收缩,导致支气管移位和叩诊浊音,若并发慢性支气管炎、肺气肿和肺心病,可有相应的体征。

2.甲醛中毒

诊断原则:根据短期内接触高浓度甲醛蒸气后迅速发病,结合临床症状、体征和胸部 X 线表现综合分析，排除其他原因引起的类似疾病，方可诊断为急性甲醛中毒。

甲醛刺激反应:表现为一过性的眼及上呼吸道刺激症状,如眼刺痛、流泪、咽痛、胸闷、咳嗽等。胸部听诊及胸部 X 线无异常发现。

(1)轻度中毒。轻度中毒有视物模糊、头晕、头痛、乏力等全身症状,检查可见结膜、咽部明显充血,胸部听诊呼吸声粗糙或闻及干性啰音。经综合分析,可诊断为轻度中毒。胸部 X 线检查除出现肺纹理增强外,无重要阳性发现。

(2)中度中毒。根据下列表现综合分析,可诊断为中度中毒:

① 持续咳嗽、声音嘶哑、胸痛、呼吸困难,胸部听诊有散在的干、湿性啰音,可伴有体温增高和白细胞计数增加。

②胸部 X 线检查有散在的点片状或斑片状阴影。

(3)重度中毒。具有以下情况之一者,可诊断为重度中毒:喉头水肿及窒息、肺水肿、昏迷、休克。

甲醛为较高毒性的物质,在我国有毒化学品优先控制名单上高居第二位,已经被世界卫生组织确定为致癌和致畸形物质,是公认的变态反应源,也是潜在的强致突变物之一。研究表明,甲醛具有强烈的致癌和促癌作用。甲醛中毒对人体健康的影响主要表现在嗅觉异常、刺激、过敏、肺功能异常、肝功能异常和免疫功能异常等方面。

长期接触低剂量甲醛的危害有:引起慢性呼吸道疾病、鼻咽癌、结肠癌、脑瘤、月经紊乱、细胞核的基因突变、DNA 单链内交连和 DNA 与蛋白质交连及抑制 DNA 损伤的修复、妊娠综合征、新生儿染色体异常、白血病、青少年记忆力和智力下降。

3.苯中毒

苯中毒可分为急性苯中毒和慢性苯中毒。急性苯中毒是指吸入高浓度苯蒸气后,影响机体内 ATP 及乙酰胆碱的合成,从而对中枢神经系统产生麻醉作用;慢性苯中毒是指苯的代谢产物酚类直接抑制了细胞核的分裂,导致细胞突变,从而影响了骨髓的造血功能,临床表现为白细胞数持续降低,最终可发展为再生障碍性贫血或白血病。

急性苯中毒主要为中枢神经系统抑制症状。轻者酒醉状,伴恶心、呕吐、步态不稳、幻觉、哭笑失常等表现;重者意识丧失、肌肉痉挛或抽搐、血压下降、瞳孔散大,可因呼吸麻痹死亡。个别病例可能有心室颤动。

慢性苯中毒除影响神经系统外,还影响造血系统。神经系统最常见的表现为神经衰弱和自主神经功能紊乱综合征,个别患者还有肢端感觉障碍,出现痛、触觉减退和麻木等情况,也可发生多发性神经炎。造血系统损害的表现是慢性苯中毒的主要特征,以白细胞减少和血小板减少最为常见。

4.噪声污染

噪声对人的听力和视力会造成损伤;噪声对睡眠、交流和工作效率会造成干扰与影响;噪声会对人体造成心血管损害,引起如神经系统功能紊乱、精神障碍、内分泌紊乱、女性生理功能损害、儿童身心健康损害等生理影响;特强噪声对仪器设备和建筑结构会带来影响。

5.振动对人体的危害

(1)振动能引起脑电图改变,条件反射潜伏期改变,交感神经功能亢进,血压不稳、心律不齐,皮肤感觉功能降低,如触觉、温热觉、痛觉,尤其是振动感觉最早出现迟钝。

（2）40~300 Hz的振动能引起周围毛细血管形态和张力的改变,表现为末梢血管痉挛、脑血流图异常;心脏方面出现心跳过缓、窦性心律不齐和房内、室内、房室间传导阻滞等。

（3）振动可导致握力下降、肌电图异常、肌纤维颤动、肌肉萎缩和疼痛等。

（4）40 Hz以下的大振幅振动易引起骨骼和关节的改变,骨骼的X光底片上可见到骨贸形成、骨质疏松、骨关节变形和坏死等。

（5）振动引起的听力变化以125~250 Hz频段的听力下降为特点,但在早期仍以高频段听力损失为主,而后才出现低频段听力下降。振动和噪声有联合作用。长期使用振动工具可产生局部振动病。局部振动病是以末梢循环障碍为主的疾病,亦可累及肢体神经及运动功能。发病部位一般多在上肢末端,典型表现为发作性手指变白。我国1957年就将局部振动病定为职业病。

（三）建筑行业主要职业病危害因素

1.粉尘

建筑施工过程中会产生多种粉尘(见图3-12),主要包括矽尘、水泥尘、电焊尘、石棉尘以及其他粉尘等。

图3-12 建筑粉尘

（1）矽尘产生于挖土机、推土机、刮土机、铺路机、压路机、打桩机、钻孔机、凿岩机、碎石设备作业;挖方工程、土方工程、地下工程、竖井和隧道掘进作业;爆破作业;喷砂除锈作业;旧建筑物的拆除和翻修作业。

（2）水泥尘产生于水泥运输、储存和使用过程。

（3）电焊尘产生于电焊作业过程。

（4）石棉尘产生于:保温工程、防腐工程、绝缘工程作业;旧建筑物的拆除和翻修作业。

（5）其他粉尘:木材加工产生木尘;钢筋、铝合金切割产生金属尘;炸药运输、储存和使用产生三硝基甲苯粉尘;装饰作业使用腻子粉产生混合粉尘;使用石棉代用品产生人造玻璃纤维、岩棉、渣棉粉尘。

2.噪声

建筑行业在施工过程中产生的噪声主要是机械性噪声和空气动力性噪声。

1）机械性噪声

产生该类噪声的作业主要有:凿岩机、钻孔机、打桩机、挖土机、推土机、刮土机、自卸车、挖泥船、升降机、起重机、混凝土搅拌机、传输机等作业;混凝土破碎机、碎石机、压路机、铺路机、移动沥青铺设机和整面机等作业;混凝土振动棒、电动圆锯、刨板机、金属切割机、电钻、磨光机、射钉枪类工具等作业;构架、模板的装卸、安装、拆除、清理、修复以及建筑物拆除作业等。

2)空气动力性噪声

产生该类噪声的作业主要有:通风机、鼓风机、空气压缩机、铆枪、发电机等作业;爆破作业;管道吹扫作业等。

3.高温

建筑施工活动多为露天作业,夏季受炎热气候影响较大,少数施工活动还存在热源(如沥青设备、焊接、预热等),因此建筑施工活动存在不同程度的高温危害。

4.振动

部分建筑施工活动存在局部振动和全身振动危害。产生局部振动的作业主要有使用振动棒、凿岩机、风钻、射钉枪类、电钻、电锯、砂轮磨光机等手动工具的作业;产生全身振动的作业主要有挖土机、推土机、刮土机、移动沥青铺设机和整面机、打桩机等施工机械以及运输车辆作业。

5.密闭空间

许多建筑施工活动存在密闭空间作业,主要包括:排水管、排水沟、螺旋桩、桩基井、桩井孔、地下管道、烟道、隧道、涵洞、地坑、箱体、密闭地下室等,以及其他通风不足的场所作业;密闭储罐、反应塔(釜)、炉等设备的安装作业;建筑材料运输的船舱、槽车作业。

6.化学毒物

许多建筑施工活动可产生多种化学毒物。爆破作业产生氮氧化物、一氧化碳等有毒气体;油漆、防腐作业产生苯、甲苯、二甲苯、四氯化碳、酚类、汽油等有机蒸气,以及铅、汞、铬等金属毒物;涂料作业产生甲醛、苯、甲苯、二甲苯,游离甲苯二异氰酸酯以及铅、汞、铬等金属毒物;建筑物防水工程作业产生沥青烟、煤焦油、甲苯、二甲苯等有机溶剂,以及石棉、阴离子再生乳胶、聚氨酯、丙烯酸树脂、聚氯乙烯、环氧树脂、聚苯乙烯等化学品;路面敷设沥青作业产生沥青烟等;电焊作业产生锰、镁、铬、镍、铁等金属化合物、氮氧化物、一氧化碳、臭氧等;地下储罐等地下工作场所作业产生硫化氢、甲烷、一氧化碳等。

7.其他因素

(1)紫外线作业主要有电焊作业、高原作业等。

(2)电离辐射作业主要有:挖掘工程、地下建筑以及在放射性元素高的区域作业;可能存在氡及其子体等电离辐射作业;X射线检测、γ射线检测时存在X射线、γ射线电离辐射作业;石材中天然放射性物质。

(3)高气压作业主要有潜水作业、沉箱作业、隧道作业等。

(4)低气压作业主要有高原地区作业。

(5)低温作业主要有北方冬季作业。

(6)高处作业主要有吊臂起重机、塔式起重机、升降机作业和脚手架、梯子作业等。

(7)可能接触生物因素的作业主要有旧建筑物和污染建筑物的拆除作业和疫区作业等。这些作业可能存在感染炭疽、森林脑炎、布氏杆菌病、虫媒传染病和寄生虫病等危险。

(四)建筑行业职业病危害控制措施

1.粉尘控制措施

当前,粉尘控制的重点是要进行技术革新,采取不产生或少产生粉尘的施工工艺、施工设

备和工具,淘汰粉尘危害严重的施工工艺、施工设备和工具。除此之外,还应注意以下几个方面:

(1)采用无危害或危害较小的建筑材料,如不使用石棉或含有石棉的建筑材料。

(2)采用机械化、自动化或密闭隔离操作,如挖土机、推土机、刮土机、铺路机、压路机等施工机械的驾驶室或操作室密闭隔离,并在进风口设置滤尘装置。

(3)采取湿式作业,如凿岩采用湿式凿岩机,爆破采用水封爆破,喷射混凝土采用湿喷,钻孔采用湿式钻孔,隧道爆破作业后立即喷雾洒水,场地平整时配备洒水车定时喷水作业,拆除作业时采用湿法作业拆除、装卸和运输含有石棉的建筑材料。

(4)设置局部防尘设施和净化排放装置,如焊枪配置带有排风罩的小型烟尘净化器,凿岩机、钻孔机等设置捕尘器。

(5)劳动者作业时应在上风向操作。

(6)建筑物拆除和翻修作业时,在接触石棉的施工区域设置警示标志,禁止无关人员进入。

(7)根据粉尘的种类和浓度为劳动者配备合适的呼吸防护用品,并定期更换。呼吸防护用品的配备应符合《呼吸防护用品的选择、使用与维护》(GB/T 18664)的要求。如在建筑物拆除作业中,可能接触含有石棉的物质(如石棉水泥板或石棉绝缘材料),为接触石棉的劳动者配备正压呼吸器、防护板;在罐内焊接作业时,劳动者应佩戴送风头盔或送风口罩;安装玻璃棉、消声及保温材料时,劳动者必须佩戴防尘口罩。

(8)对粉尘接触人员特别是石棉粉尘接触人员应做好戒烟/控烟教育。

2.噪声控制措施

(1)尽量选用低噪声施工设备和施工工艺代替高噪声施工设备和施工工艺。如使用低噪声的混凝土振动棒、风机、电动空压机、电锯等;以液压代替锻压,焊接代替铆接;以液压和电气钻代替风钻和手提钻;物料运输中避免大落差和直接冲击。

(2)对高噪声施工设备采取隔声、消声、隔振降噪等措施,尽可能减少高噪声设备作业点的密度,尽量将噪声源与劳动者隔开。如气动机械、混凝土破碎机安装消声器,施工设备的排风系统(如压缩空气排放管、内燃发动机废气排放管)安装消声器,机器运行时应关闭机盖(罩),相对固定的高噪声设施(如混凝土搅拌站)设置隔声控制室。

(3)噪声超过85 dB(A)的施工场所,应为劳动者配备有足够衰减值、佩戴舒适的护耳器,减少噪声作业,实施听力保护计划。

3.高温

夏季高温季节应合理调整作息时间,避开中午高温时间施工。严格控制劳动者加班,尽可能缩短工作时间,保证劳动者有充足的休息和睡眠时间。

降低劳动者的劳动强度,采取轮流作业方式,增加工间休息次数和休息时间。如实行小换班、增加工间休息次数、延长午休时间、尽量避开高温时段进行室外高温作业等。

当气温高于37 ℃时,一般情况下应当停止施工作业。各种机械和运输车辆的操作室和驾驶室应设置空调。在罐、釜等容器内作业时,应采取措施,做好通风和降温工作。在施工现场附近设置工间休息室和浴室,休息室内设置空调或电扇。夏季高温季节为劳动者提供含盐清凉饮料(含盐量为0.1%~0.2%),饮料水温应低于15 ℃。高温作业劳动者应当定期进行职业健康检查,发现有职业禁忌的症状者应及时调离高温作业岗位。

4.控制振动措施

应加强施工工艺、设备和工具的更新、改造。尽可能避免使用手持风动工具;采用自动、半自动操作装置,减少手及肢体直接接触振动体;用液压、焊接、黏结等代替风动工具的铆接;采用化学法除锈代替除锈机除锈;风动工具的金属部件改用塑料或橡胶,或加用各种衬垫物,减少因撞击而产生的振动;提高工具把手的温度,改进压缩空气进出口方位,避免手部受冷风吹袭。

手持振动工具(如风动凿岩机、混凝土破碎机、混凝土振动棒、风钻、喷砂机、电钻、钻孔机、铆钉机、铆打机等)应安装防振手柄,劳动者应戴防振手套。挖土机、推土机、刮土机、铺路机、压路机等驾驶室应设置减振设施。减轻手持振动工具的质量,改善手持工具的作业体位,防止强迫体位,以减轻肌肉负荷和静力紧张,避免手臂上举姿势的振动作业。采取轮流作业方式,减少劳动者接触振动的时间,增加工间休息次数和休息时间。冬季还应注意保暖防寒。

5.化学毒物

优先选用无毒建筑材料,用无毒材料替代有毒材料、低毒材料替代高毒材料,尽可能减少有毒物品的使用量。如尽可能选用无毒水性涂料;用锌钡白、钛钡白替代油漆中的铅白,用铁红替代防锈漆中的铅丹等;以低毒的低锰焊条替代毒性较大的高锰焊条;不得使用国家明令禁止或者不符合国家标准的有毒化学品,禁止使用含苯的涂料、稀释剂和溶剂。

尽可能采用可降低工作场所化学毒物浓度的施工工艺和施工技术,使工作场所的化学毒物浓度符合《工作场所化学有害因素职业接触限值 化学有害因素》(GBZ 2.1—2007)的要求,如涂料施工时用粉刷或辊刷替代喷涂。在高毒作业场所尽可能使用机械化、自动化或密闭隔离操作,使劳动者不接触或少接触高毒物品。

在使用有机溶剂、稀料、涂料或挥发性化学物质时,应当设置全面通风或局部通风设施;电焊作业时,设置局部通风防尘装置;所有挖方工程、竖井、土方工程、地下工程、隧道等密闭空间作业应当设置通风设施,保证足够的新风量。

使用有毒化学品时,劳动者应正确使用施工工具,在作业点的上风向施工。分装和配制油漆、防腐、防水材料等挥发性有毒材料时,尽可能采用露天作业,并注意现场通风。工作完毕后,有机溶剂、容器应及时加盖封严,防止有机溶剂的挥发。使用过的有机溶剂和其他化学品应进行回收处理,防止乱丢乱弃。

使用有毒物品的工作场所应设置黄色区域警示线、警示标志和中文警示说明。警示说明应载明产生职业中毒危害的种类、后果、预防以及应急救援措施等内容。使用高毒物品的工作场所应当设置红色区域警示线、警示标志和中文警示说明,并设置通信报警设备、应急撤离通道和必要的泄险区。

存在有毒化学品的施工现场附近应设置盥洗设备,配备个人专用更衣箱;使用高毒物品的工作场所还应设置淋浴间,其工作服、工作鞋帽必须存放在高毒作业区域内;接触经皮肤吸收及局部作用危险性大的毒物,应在工作岗位附近设置应急洗眼器和沐浴器。

接触挥发性有毒化学品的劳动者,应当配备有效的防毒口罩(或防毒面具);接触经皮肤吸收或刺激性、腐蚀性的化学品,应配备有效的防护服、防护手套和防护眼镜。

　　拆除使用防虫、防蛀、防腐、防潮等化学物（如有机氯666、汞等）的旧建筑物时,应采取有效的个人防护措施。

　　应对接触有毒化学品的劳动者进行职业卫生培训,使劳动者了解所接触化学品的毒性、危害后果,以及防护措施。从事高毒物品作业的劳动者应当经培训考核合格后,方可上岗作业。

　　劳动者应严格遵守职业卫生管理制度和安全生产操作规程,严禁在有毒有害工作场所进食和吸烟,饭前班后应及时洗手和更换衣服。

　　项目经理部应定期对工作场所的重点化学毒物进行检测、评价。检测、评价结果存入施工企业职业卫生档案,向施工现场所在地县级卫生行政部门备案并向劳动者公布。

　　不得安排未成年工和孕期、哺乳期的女职工从事接触有毒化学品的作业。

　　6.高原作业和低气压

　　高原和低气压地区工作,应根据劳动者的身体状况确定劳动定额和劳动强度。初入高原的劳动者在适应期内应当降低劳动强度,并视适应情况逐步调整劳动量。劳动者应注意保暖,预防呼吸道感染、冻伤、雪盲等病症。劳动者进行上岗前职业健康检查,凡有中枢神经系统器质性疾病、器质性心脏病、高血压、慢性阻塞性肺病、慢性间质性肺病、伴肺功能损害的疾病、贫血、红细胞增多症等高原作业禁忌症状的人员均不宜进入高原作业。

 拓展与提高

生物因素对健康的影响

　　施工企业在施工前应进行施工场所是否为疫源地、疫区、污染区的识别,尽可能避免在疫源地、疫区和污染区施工。劳动者进入疫源地、疫区作业时,应当接种相应疫苗。在呼吸道传染病疫区、污染区作业时,应当采取有效的消毒措施,劳动者应当配备防护口罩、防护面罩。在虫媒传染病疫区作业时,应当采取有效的杀灭或驱赶病媒措施,劳动者应当配备有效的防护服、防护帽,宿舍配备有效的防虫媒进入的门帘、窗纱和蚊帐等。在进入传染病疫区作业时,劳动者应当避免接触疫水作业,并配备有效的防护服、防护鞋和防护手套。在消化道传染病疫区作业时,采取"五管一灭三消毒"措施(管传染源、管水、管食品、管粪便、管垃圾、消灭病媒,饮用水、工作场所和生活环境消毒)。

　　加强健康教育,使劳动者掌握传染病防治的相关知识,提高卫生防病知识。根据施工现场具体情况,配备必要的传染病防治人员。项目经理部应建立应急救援机构或组织。项目经理部应根据不同施工阶段可能发生的各种职业病危害事故,制订相应的应急救援预案,并定期组织演练,及时修订应急救援预案。按照应急救援预案要求,合理配备快速检测设备、急救药品、通信工具、交通工具、照明装置、个人防护用品等应急救援装备。可能突然泄漏大量有毒化学品或者易造成急性中毒的施工现场(如接触酸、碱、有机溶剂、危险性物品的工作场所等),应设置自动检测报警装置、事故通风设施、冲洗设备(沐浴器、洗眼器和洗手池)、应急撤离通道和必要的泄险区。除为劳动者配备常规个人防护用品外,还应在施工现场醒目位置放置必需的防毒用具,以备逃生、抢救时应急使用,并设有专人管理和维护,保证其处于良好待用状态。应急撤离通道应保持通畅。施工现场应配备受过专业训练的急救员,配备急救箱、担架、毯子和其他急救用品,急救箱内应有明了的使用说明,并由受过急救培训的人员进行定期检查和更换。超过200人的施工工地应配备急救室。应根据施工现场可能发生的各种职业病危害事故对全体劳动者进行有针对性的应急救援培训,使劳动者掌握事故预防和自救、互救等应急处理能力,避免盲目救治。应与就近医疗机构建立合作关系,以便发生急性职业病危害事故时能够及时获得医疗救援援助。

办公区、生活区与施工区应当分开布置,并符合卫生要求,施工现场或附近应当设置清洁饮用水供应设施。施工企业应当为劳动者提供符合营养和卫生要求的食品,并采取预防食物中毒的措施。施工现场或附近应当设置符合卫生要求的就餐场所、更衣室、浴室、厕所、盥洗设施,并保证这些设施处于完好状态。应为劳动者提供符合卫生要求的休息场所,休息场所应当设置卫生间、盥洗设施,并应设置清洁饮用水、防暑降温、防蚊虫、防潮设施,禁止在尚未竣工的建筑物内设置集体宿舍。施工现场、辅助用室和宿舍应采用合适的照明器具,合理配置光源,提高照明质量,防止炫目、照度不均匀及频闪效应,并定期对照明设备进行维护。生活用水、废弃物应当经过无害化处理后排放、填埋。

 思考与练习

(一) 单项选择题(下列各题中,只有一个最符合题意,请将其编号填写在括号内)

1.对职业病的诊断,应由(　　　)以上人民政府卫生行政部门批准的医疗卫生机构承担。

A.国务院 　　　　　　　　　　B.省级

C.地市级 　　　　　　　　　　D.县级

2.中毒患者如有持续咳嗽、声音嘶哑、胸痛、呼吸困难,胸部听诊有散在的干、湿性啰音,可伴有体温增高和白细胞计数增加的现象,可诊断为甲醛(　　　)。

A.轻度中毒 　　　　　　　　　B.中度中毒

C.重度中毒 　　　　　　　　　D.深度中毒

3.(　　　)应定期对工作场所的重点化学毒物进行检测、评价,检测、评价结果存入施工企业职业卫生档案,向施工现场所在地县级卫生行政部门备案,并向劳动者公布。

A.施工企业 　　　　　　　　　B.项目经理部

C.监理公司 　　　　　　　　　D.安全管理部门

4.森林脑炎属于(　　　)。

A.生物因素所致职业病 　　　　B.物理因素职业病

C.职业性眼病 　　　　　　　　D.职业性皮肤病

(二)多项选择题(下列各题中,至少有两个答案符合题意,请将其编号填写在括号内)

1.下列属于物理因素职业病的有( )。

A.中暑 B.森林脑炎

C.减压病 D.炭疽

E.接触性皮炎

2.建筑行业在施工过程中产生多种粉尘,主要包括( )以及其他粉尘等。

A.矽尘 B.水泥尘

C.电焊尘 D.石棉尘

E.沙尘

3.高气压作业主要有( )等。

A.电焊作业 B.潜水作业

C.高原作业 D.沉箱作业

E.隧道作业

(三)判断题(请在你认为正确的题后括号内打"√",错误的题后括号内打"×")

1.在矽肺病中,临床以急性矽肺最为常见。 ( )

2.急性苯中毒诊断并不难,可根据毒物接触史及临床表现作出。 ( )

3.噪声对人的听力会造成损伤。 ( )

4.噪声超过100 dB(A)的施工场所,应为劳动者配备有足够衰减值、佩戴舒适的护耳器,减少噪声作业,实施听力保护计划。 ( )

5.初入高原的劳动者在适应期内应当降低劳动强度,并视适应情况逐步调整劳动量。 ( )

 考核与鉴定

(一)单项选择题(下列各题中,只有一个最符合题意,请将其编号填写在括号内)

1.下列情况不被认为是工伤的是( )。

A.建设单位工作日内在家晚间睡觉时突发疾病

B.工作时间前后在工作场所内,从事与工作有关的预备性或者收尾性工作受到事故伤害的

C.因工外出期间,由于工作原因受到伤害或者发生事故下落不明的

D.在上下班途中,受到机动车事故伤害的

2.下列不属于一级工伤赔偿标准的是( )。

A.从工伤保险基金中支付一次性伤残补助金,标准为27个月的本人工资

B.从工伤保险基金中按月支付伤残津贴,标准为工资的90%,伤残津贴实际金额低于当地最低工资标准的,由工伤保险基金补足差额

C.基本养老保险待遇低于工资标准的,由工伤保险基金补足差额

D.劳动合同期满终止,或者职工本人提出解除劳动合同的,由用人单位支付一次性工伤医

疗补助金和伤残就业补助金

3.从工伤保险基金中支付一次性伤残补助金,标准为23个月的属于(　　)。

A.一级工伤赔偿标准　　　　　　　B.二级工伤赔偿标准

C.三级工伤赔偿标准　　　　　　　D.四级工伤赔偿标准

4.被扶养人生活费根据扶养人丧失劳动能力程度按照受诉法院所在地上一年度城镇居民人均消费性支出和农村居民人均年生活消费支出标准计算,下列说法错误的是(　　)。

A.被扶养人为未成年人的,计算至16周岁

B.75周岁以上的,按5年计算

C.被扶养人无劳动能力又无其他生活来源的,计算20年

D.被扶养人是指受害人依法应当承担扶养义务的未成年人或者丧失劳动能力又无其他生活来源的成年近亲属

5.矽肺是由于长期吸入大量游离的(　　)所引起,以肺部广泛的结节性纤维化为主的疾病。

A.二氧化硫粉　　　　　　　　　　B.二氧化硅粉

C.二氧化氮粉　　　　　　　　　　D.二氧化碳粉

6.临床表现形式与接触粉尘浓度、矽肺含量与接尘年限有显著关系,临床以(　　)为常见。

A.慢性矽肺　　　　　　　　　　　B.急性矽肺

C.加速性矽肺　　　　　　　　　　D.中性矽肺

7.甲醛为较高毒性的物质,在我国有毒化学品优先控制名单上高居(　　)位。

A.第一　　　　　　　　　　　　　B.第二

C.第三　　　　　　　　　　　　　D.第四

8.(　　)会引起造血系统功能的损害。

A.甲醛　　　　　　　　　　　　　B.二氧化硅粉

C.苯　　　　　　　　　　　　　　D.噪声

9.噪声超过(　　)的施工场所,应为劳动者配备有足够衰减值、佩戴舒适的护耳器,减少噪声作业,实施听力保护计划。

A.75 dB(A)　　　　　　　　　　　B.80 dB(A)

C.85 dB(A)　　　　　　　　　　　D.90 dB(A)

10.建筑业常见的意外伤害中,(　　)伤害最常见。

A.触电　　　　　　　　　　　　　B.物体打击

C.坍塌　　　　　　　　　　　　　D.高空坠落

11.物体从20 m的高空坠落下来大约需要(　　)s。

A.1　　　　　　　　　　　　　　　B.2

C.3　　　　　　　　　　　　　　　D.4

12.高空作业是指在坠落高度基准面(　　)m以上有可能坠落的高处进行的作业。

A.2　　　　　　　　　　　　　　　B.2.5

C.3.5　　　　　　　　　　　　　　D.4

13.(　　)不是常见的触电形式。

A.单相触电　　　　　　　　　　B.双相触电

C.三相触电　　　　　　　　　　D.跨步电压触电

14.当人体通过(　　)A 的电流时,会引起人体麻刺的感觉。

A.0.006　　　　　　　　　　　B.0.000 6

C.0.06　　　　　　　　　　　　D.0.6

15.建筑业的"五大伤害"约占建筑业常见的意外伤害的(　　)。

A.100%　　　　　　　　　　　B.90%

C.70%　　　　　　　　　　　　D.60%

16.安全"三宝"不包括(　　)。

A.安全帽　　　　　　　　　　　B.安全带

C.安全网　　　　　　　　　　　D.安全绳

17.当发生高处坠落事故后下列处理方式不当是(　　)。

A.发现脊椎受伤者,创伤处用消毒的纱布或清洁布等覆盖伤口,用绷带或布条包扎,搬运时将伤者平卧放在硬质担架或硬板上

B.抢救脊椎受伤者,搬运过程可以抬伤者的两肩与两腿或单肩背运

C.发现伤者手足骨折,不要盲目搬动伤者,应在骨折部位用夹板把受伤位置临时固定,使断端不再移位或刺伤肌肉、神经或血管

D.发现伤者手足骨折可就地取材,用木板、竹片等以固定骨折处上下关节

18.机械伤害人体最多的部位是(　　)。

A.手　　　　　　　　　　　　　B.脚

C.胳膊　　　　　　　　　　　　D.腿

19.关于建立健全应急预案机制,下列不正确的是(　　)。

A.组织机构日常备有应急物资,如简易担架、跌打损伤药品、纱布等

B.建立健全应急预案组织机构,做好人员分工,在事故发生的时候做好应急抢救工作

C.一旦有事故发生,首先要向上级领导及有关部门汇报

D.现场包扎、止血等措施很重要,因为伤者流血过多可能造成死亡

20.(　　)不属于悬挑结构。

A.雨篷板　　　　　　　　　　　B.挑檐板

C.外凸阳台　　　　　　　　　　D.女儿墙

21.下列关于安全用电说法错误的是(　　)。

A.损坏的开关、插座、电线等应赶快修理或更换,不要继续使用

B.移动台灯、收音机、电视机等电器时,必须先断开电源,然后再移动

C.保险丝熔断时,如果没有保险丝,可用铜丝或铁丝代替

D.儿童不要在电线旁放风筝,以免风筝挂在电线上发生事故

(二)多项选择题(下列各题中,至少有两个答案符合题意,请将其编号填写在括号内)

1.根据处理类似事故赔偿案件的经验,建筑安全事故纠纷一般通过下列(　　)渠道解决。

A.根据双方的实际情况协商确定赔偿数额

B.法律部门的工伤仲裁

C.法院人身伤害赔偿诉讼

D.当地人民政府协调解决

E.劳动部门工伤认定仲裁

2.关于被扶养人生活费计算正确的是( )。

A.被扶养人还有其他扶养人的,赔偿义务人只赔偿受害人依法应当负担的部分

B.被扶养人有数人的,要数倍赔偿城镇居民人均消费性支出额或者农村居民人均年生活消费支出额

C.被扶养人是指受害人依法应当承担扶养义务的未成年人或者丧失劳动能力又无其他生活来源的成年近亲属

D.被扶养人生活费根据扶养人丧失劳动能力程度,按照受诉法院所在地上一年度城镇居民人均消费性支出和农村居民人均年生活消费支出标准计算

E.60周岁以上的,年龄每增加1岁减少1年;75周岁以上的,按5年计算

3.关于工伤死亡赔偿标准说法正确的是( )。

A.一次性工亡补助金标准为48~60个月的统筹地区上年度职工月平均工资

B.丧葬补助金为6个月的统筹地区上年度职工月平均工资

C.孤寡老人或者孤儿每人每月在标准的基础上增加30%

D.核定的各供养亲属的抚恤金之和不应高于因工死亡职工生前的工资

E.养亲属抚恤金按照职工本人工资的一定比例发给由因工死亡职工生前提供主要生活来源、无劳动能力的亲属,标准为:配偶每月40%,其他亲属每人每月30%

4.关于工轻伤害赔偿项目包括( )。

A.医疗费   B.误工费

C.住院伙食补助费   D.必要的营养费

E.护理费

5.下列各项中,( )属于工伤。

A.因工外出期间,由于工作原因受到伤害或者发生事故下落不明的

B.在工作时间和工作岗位,突发疾病死亡或者在48 h之内经抢救无效死亡的

C.在抢险救灾等维护国家利益、公共利益活动中受到伤害的

D.在上下班途中,受到机动车事故伤害的

E.职工原在军队服役,因战、因公负伤致残,已取得革命伤残军人证,到用人单位后旧伤复发的

6.甲醛重度中毒一般的反应是( )。

A.喉头水肿及窒息   B.肺水肿

C.昏迷   D.休克

E.咳嗽

7.甲醛刺激反应的表现为( )。

A.眼刺痛   B.流泪

C.咽痛   D.咳嗽

E.昏迷

8.苯慢性中毒除影响神经系统外,还影响造血系统。神经系统最常见的表现为神经衰弱

和自主神经功能紊乱综合征,还表现为(　　　)。

    A.个别患者可有肢端感觉障碍,出现痛、触觉减退和麻木,亦可发生多发性神经炎

    B.造血系统损害的表现是慢性苯中毒的主要特征,以白细胞减少和血小板减少最常见

    C.严重患者发生全血细胞减少和再生障碍性贫血

    D.咳嗽

    E.个别有嗜酸性粒细胞增多或有轻度溶血

9.高原作业进行上岗前职业健康检查,凡有(　　　)的人员均不宜进入高原作业。

    A.中枢神经系统器质性疾病　　　　　　B.器质性心脏病

    C.高血压　　　　　　　　　　　　　　D.慢性阻塞性肺病

    E.贫血

10.在下列粉尘控制措施中,正确的有(　　　)。

    A.采用机械化、自动化或密闭隔离操作

    B.采取湿式作业

    C.劳动者作业时应在下风向操作

    D.根据粉尘的种类和浓度为劳动者配备合适的呼吸防护用品,并定期更换

    E.对粉尘特别是石棉粉尘接触人员应做好戒烟/控烟教育

11.关于建立健全应急预案组织机制正确的是(　　　)。

    A.要准备简易担架、跌打损伤药品、纱布等

    B.做好人员分工,在事故发生的时候做好应急抢救,如现场包扎、止血等措施,防止伤者因流血过多造成死亡

    C.一旦有事故发生,首先要高声呼喊,通知现场安全员,马上拨打急救电话,并向上级领导及有关部门汇报

    D.事故发生后,马上组织抢救伤者,首先观察伤者受伤情况、部位,工地卫生员进行临时治疗

    E.重伤人员应马上送往医院救治,一般伤员在等待救护车的过程中,相关人员有程序地处理事故,最大限度地减少人员伤之和财产损失

12.下列说法正确的是(　　　)。

    A.看见儿童攀登电杆或摇晃电杆时,应及时制止,并教育儿童不要在电杆附近玩耍,以免发生危险

    B.上房晒东西时,注意别碰房上的电线,以免触电

    C.当发现有人触电,第一件事是迅速地把伤者拉开

    D.广播喇叭线不能和电力线混在一起,以免因绝缘不良,喇叭线碰到电力线上发生危险

    E.移动台灯、收音机、电视机等电器时,必须先断开电源,然后再移动

13.下列各项中,(　　　)是导电体。

    A.干燥的木棍　　　　　　　　　　　　B.刚刚砍伐的竹竿

    C.钢管　　　　　　　　　　　　　　　D.瓷器

    E.塑料盆

14.下列说法正确的是(　　　)。

    A.各机械开关布局必须合理,必须符合两条标准:一是便于操作者紧急停机,二是避免误

开动其他设备

B.炼胶机等人手直接频繁接触的机械,必须有完好紧急制动装置,该制动钮位置必须使操作者在机械作业活动范围内随时可触及

C.各机械开关布局必须合理,必须符合两条标准:一是便于操作者提高操作速度,二是避免误开动其他设备

D.严禁无关人员进入危险因素大的机械作业现场,非本机械作业人员因事必须进入的,要先与当班机械操作者取得联系,有安全措施才可同意进入

E.上网作业中,必须精心操作,严格执行有关规章制度,正确使用劳动防护用品,严禁无证人员开动机械设备

(三)判断题(请在你认为正确的题后括号内打"√",错误的题后括号内打"×")

1.下落高度越大,着地的时间就越长,但是下落的高度越大,人生还的可能性就越低。

（　　）

2.由于反应时间太短,坠落着地时往往是背部着地,而背部又是人生命最脆弱的地方,所以一旦发生高空坠落事件,死亡率非常高。（　　）

3.高空作业是指在坠落高度基准面 3.5 m 以上有可能坠落的高处进行的作业。（　　）

4.人受到跨步电压时,电流虽然是沿着人的下身,从脚经腿、胯部又到脚与大地形成通路,但没有经过人体的重要器官,比较安全。（　　）

5.坍塌事故是指建筑物、构筑物、堆置物、土石方、搭设的脚手架体等,由于底部支撑强度不够,失稳垮塌造成的事故。（　　）

6.人体接触的电压越高,通过人体的电流越大,只要超过 0.01 A 就能造成触电死亡。

（　　）

7.严禁无关人员进入危险因素大的机械作业现场,非本机械作业人员因事必须进入的,要先与当班机械操作者取得联系,有安全措施才可同意进入。（　　）

8.在室外实行人工呼吸时,如遇因雷雨而触电者还没有恢复正常呼吸,不应搬动,应继续进行人口呼吸。（　　）

9.架设收音机、电视机和矿石收音机的天线,不要靠近电力线,以免天线被风吹断,落在电力线上面而发生危险。（　　）

10.当灯头的螺丝口露在灯口外面时,应安装灯伞成保护圈,或换用能把螺丝口包上的长灯头,以免开闭灯时触电。（　　）

11.在野外发现电线断落时,应及时把它搭接起来。（　　）

12.所有的非金属都不导电。（　　）

13.用电设备的电源引线不得大于 5 m,距离大于 5 m 的应设便携式电源箱或卷线轴,便携式电源箱或卷线轴至固定式开关柜或配电箱之间的引线长度不得大于 40 m,并应用橡胶软电缆。（　　）

14.一旦有事故发生,首先要高声呼喊,通知现场安全员,马上拨打急救电话,并向上级领导及有关部门汇报。（　　）

15.如果在抢救过程中,只能用切断电线的办法使触电者脱离电源时,更应特别小心,这时可用石头将配电箱砸坏。（　　）

模块四　建筑消防

火灾是威胁公共安全、危害人们生命财产的灾害之一。俗话说"水火无情",火灾是人类所面临的一个共同的灾难性问题,给人类社会造成过不少生命、财产的严重损失。随着社会生产力的发展,社会财富日益增加,出现火灾损失上升、火灾危害范围扩大的趋势。据统计,发生火灾的损失,美国不到7年翻了一番,日本平均16年翻一番,中国平均12年翻一番。近年来,我国每年发生火灾约4万起,死2 000多人,伤3 000~4 000人,每年火灾造成的直接财产损失超10亿元。尤其是造成数十人死亡的特大恶性火灾也时有发生,给国家和人民群众的生命财产造成了巨大的损失。严峻的现实证明,火灾是当今世界上多发性灾害中发生频率较高的一种灾害,也是时空跨度最大的一种灾害。本模块主要讲解消防知识。其主要学习任务为:掌握灭火的基本原理;掌握一般灭火器的使用方法,掌握火海逃生的十大对策。

 学习目标

(一)知识目标

1.能了解火灾对人类造成的危害;
2.能理解各种灭火原理;
3.能记住防治火灾的相关知识。

(二)技能目标

1.会使用常见的灭火器;
2.能简单地指导施工现场的火灾救援。

(三)职业素养目标

1.具有强烈的火灾防范意识和做事谨慎的工作责任心;
2.养成细心观察、尊重科学、按章行事、做事认真的工作态度。

任务一　　掌握灭火的基本原理

 任务描述与分析

　　火灾的危害巨大,因此掌握各种情况下火灾的处理方法尤为关键。比如对一般可燃物火灾,将可燃物冷却到其燃点或闪点以下,燃烧反应就会中止,水的灭火机理主要是冷却作用。通过降低燃烧物周围的氧气浓度也可以起到灭火的作用,通常使用的二氧化碳、氮气、水蒸气等的灭火机理主要是窒息作用,把可燃物与引火源或氧气隔离开来,燃烧反应就会自动终止。化学抑制灭火,就是使用灭火剂与链式反应的中间体自由基反应,从而使燃烧的链式反应中断,使燃烧不能持续进行,常用的干粉灭火剂、卤代烷灭火剂的主要灭火机理就是化学抑制作用。

　　本节的任务主要是掌握各种灭火原理。

 知识与技能

(一) 灭火的基本原理

1.冷却灭火法

　　将灭火剂直接喷洒在可燃物上,使可燃物的温度降低到自燃点以下,从而使燃烧停止,即为冷却灭火法。用水冷却尚未燃烧的可燃物质防止其达到燃点而着火的预防方法和用水扑救火灾,其主要原理就是冷却作用。一般物质起火,都可以用水来冷却灭火。

2.窒息灭火法

　　可燃物质在没有空气或空气中的含氧量低于14%的条件下是不能燃烧的。所谓窒息法,就是采取适当的措施隔断燃烧物的空气供给,阻止空气进入燃烧区,或用惰性气体稀释空气中的含氧量,使燃烧物质缺乏或断绝氧气而熄灭。该方法适用于扑救封闭式的空间、生产设备装置及容器内的火灾。火场上运用窒息法扑救火灾时,可采用石棉被、湿麻袋、湿棉被、沙土、泡沫等不燃或难燃材料覆盖燃烧或封闭孔洞,也可采用水蒸气、惰性气体(如二氧化碳、氮气等)充入燃烧区域,还可利用建筑物上原有的门以及生产储运设备上的部件来封闭燃烧区,阻止空气进入。

　　如图4-1所示,炒菜锅里起火时,用锅盖盖紧起火的锅具的灭火方法就属于窒息灭火法。

3.隔离灭火法

　　可燃物是燃烧条件中重要的条件之一,如果把可燃物与引火源或空气隔离开来,那么燃烧反应就会自动终止。如用泡沫灭火剂产生的泡沫覆盖于燃烧液体或固体的表面,把可燃物与火焰和空气隔开等,即属于隔离灭火法。

　　采取隔离灭火的具体措施有很多。例如:将火源附近的易燃易爆物质转移到安全地点;关闭设备或管道上的阀门,阻止可燃气体、液体流入燃烧区;拆除与火源相毗连的易燃建筑结构,形成阻止火势蔓延的空间地带等。

4.抑制灭火法

抑制灭火法是将化学灭火剂喷入燃烧区参与燃烧反应,使游离基(燃烧链)的链式反应终止,从而使燃烧反应停止或不能持续下去(见图4-2)。采用这种方法可使用的灭火剂有干粉和卤代烷灭火剂。灭火时,将足够数量的灭火剂准确地喷射到燃烧区内,使灭火剂阻断燃烧反应,同时还应采取冷却降温措施,以防复燃。

图4-1　窒息灭火法

图4-2　抑制灭火法

(二)灭火器的种类

灭火器是由人操作的能在其自身内部压力作用下,将所充装的灭火剂喷出实施灭火的器具。

(1)按操作使用方法不同又分为手提式灭火器和推车式灭火器。

①手提式灭火器是指能在其内部压力作用下,将所装的灭火剂喷出以扑救火灾,并可手提移动的灭火器具。手提式灭火器的总质量一般不大于20 kg,其中二氧化碳灭火器的总质量不大于28 kg。

②推车式灭火器是指装有轮子的可由一人推(或拉)至火场,并能在其内部压力作用下,将所装的灭火剂喷出以扑救火灾的灭火器具。推车式灭火器的总质量大于40 kg。

(2)按充装的灭火剂类型不同,灭火器可分为以下4类:

①水基型灭火器:清水灭火器、泡沫灭火器;

②干粉灭火器;

③二氧化碳灭火器;

④洁净气体灭火器。

(3)按驱动灭火器的压力形式不同,灭火器可分为贮气瓶式灭火器和贮压式灭火器两类:

①贮气瓶式灭火器:灭火剂是由灭火器的贮气瓶释放的压缩气体或液化气体的压力驱动的灭火器;

②贮压式灭火器:灭火剂是由贮于灭火器同一容器内的压缩气体或灭火剂蒸气压力驱动的灭火器。

(三)灭火器的灭火原理

1.水基型灭火器

水基型灭火器充装的是以清洁水为主,可添加湿润剂、增稠剂、阻燃剂或发泡剂等。水基型灭火器包括清水灭火器和泡沫灭火器。其中,采用细水雾喷头的为细水雾清水灭火器。手提式水基型灭火器的规格分别为2,3,6,9 L;推车式水基型灭火器的规格分别为20,45,60,125 L。

1)清水灭火器

清水灭火器通过冷却作用灭火,主要用于扑救固体火灾(即A类火灾),如木材、纸张、棉麻、织物等的初期火灾。采用细水雾喷头的清水灭火器也可用于扑灭可燃固体的初期火灾。

2)泡沫灭火器

泡沫灭火器充装的是水和泡沫灭火剂,可分为化学泡沫灭火器和空气泡沫(机械泡沫)灭火器。泡沫灭火器主要用于扑救B类火灾,也可用于扑救固体火灾。其中,抗溶泡沫灭火器还可以扑救水溶性易燃、可燃液体火灾。但泡沫灭火器不适用于带电设备火灾和气体火灾、金属火灾。

2.干粉灭火器

干粉灭火器是目前使用较为普遍的灭火器。其有两种类型:一种是碳酸氢钠干粉灭火器,又称为BC类干粉灭火器,用于灭液体、气体火灾;另一种是磷酸铵盐干粉灭火器,又称为ABC类干粉灭火器,可灭固体、液体、气体火灾,应用范围较广。

干粉灭火剂的粉雾与火焰接触、混合时,发生一系列物理、化学作用,对有焰燃烧及表面燃烧进行灭火。同时,干粉灭火剂可以降低残存火焰对燃烧表面的热辐射,并能吸收火焰的部分热量,灭火时分解产生的二氧化碳、水蒸气等对燃烧区内的氧浓度又有稀释作用。

干粉灭火器主要适用于扑救易燃液体、可燃气体和电气设备的初起火灾,常用于加油站、汽车库、实验室、变配电室、煤气站、液化气站、油库、船舶、车辆、工矿企业及公共建筑等场所。

3.二氧化碳灭火器

二氧化碳灭火器充装的是二氧化碳灭火剂。二氧化碳灭火剂平时以液态形式贮存于灭火器中,其主要依靠窒息作用和部分冷却作用灭火。

二氧化碳具有较高的密度,约为空气的1.5倍。在常压下,液态的二氧化碳会立即汽化,一般1 kg的液态二氧化碳可产生约0.5 m^3 的气体。因而灭火时,二氧化碳气体可以排除空气而包围在燃烧物体的表面或分布于较密闭的空间中,降低可燃物周围或防护空间内的氧浓度,产生窒息作用而灭火。另外,二氧化碳从贮存容器中喷出时,会由液体迅速气化成气体,而从周围吸引部分热量,起到冷却的作用。

二氧化碳灭火器有手提式和推车式两种。手提式二氧化碳灭火器规格分别为2,3,5,7 kg;推车式二氧化碳灭火器的规格分别为10,20,30,50 kg。

拓展与提高

火灾初起是减灾避险的关键时刻

减灾专家在向市民宣传防灾知识时说,火灾初起时,一般火势都不会很大,这是减灾和避险的关键时刻。这个时刻掌握得好,小火就不会酿成大灾。

在消防车到达现场前,应对火灾设法扑救,但不要盲目打开门窗,以免空气对流,造成火势扩大蔓延。除用灭火器灭火外,还可就地使用沙土、毛毯、棉被等简便物品覆盖火焰灭火。及时组织人员用脸盆、水桶等传水灭火,或利用楼层内的墙式消火栓喷水灭火。油锅起火,不能用水浇油锅中的火,应马上熄掉炉火,迅速用锅盖覆盖灭火。电视机、计算机着火,在切断电源后,应用毛毯、棉被灭火,人要站在侧面,防止显像管爆裂伤人。在火场中,不要留恋财物,应尽快逃出火海。在浓烟中逃生,要用湿毛巾捂住嘴鼻,弯腰行走或匍匐前进,寻找安全出口。身上着火,千万不可奔跑,应就地打滚,压灭身上火苗。如果逃生路线被火封锁,应立即退回室内,关闭门窗,用毛毯、棉被浸湿后覆盖在门上,并不断往上浇水冷却,以防止外部火焰及烟气侵入,同时可充分利用室内设施自救,如用毛巾塞紧门缝、打开水龙头把水泼在地上降温、躲进放满水的浴缸内,但千万不可钻到阁楼、床底、大橱内避难。

高层建筑发生火灾后,切勿使用电梯,应沿防火安全楼梯向底楼撤离。撤离时,必须随身携带钥匙,一旦去路被阻,可以及时退回房间。如果楼梯被烟火封堵后,可利用绳索、下水管道、避雷针引下线或被单、衣物结绳逃生,还可利用天窗、阳台、毗邻平台逃生。

思考与练习

(一)单项选择题(下列各题中,只有一个最符合题意,请将其编号填写在括号内)

1.将火源附近的易燃易爆物质转移到安全地点属于(　　)。

A.冷却灭火法　　　　　　　　　　B.窒息灭火法

C.隔离灭火法　　　　　　　　　　D.抑制灭火法

2.推车式灭火器的总质量大于(　　)kg。

A.20　　　　　　B.28　　　　　　C.36　　　　　　D.40

3.泡沫灭火器属于(　　)。

A.水基型灭火器　　　　　　　　　B.干粉灭火器

C.二氧化碳灭火器　　　　　　　　D.洁净气体灭火器

(二)多项选择题(下列各题中,至少有两个答案符合题意,请将其编号填写在括号内)

1.灭火的基本原理有(　　)。

A.冷却灭火法   B.窒息灭火法

C.隔离灭火法   D.抑制灭火法

E.覆盖灭火法

2.根据操作使用方法不同又分为（　　　）。

A.水基型灭火器   B.手提式灭火器

C.干粉灭火器   D.洁净气体灭火器

E.推车式灭火器

3.手提式水基型灭火器的规格为（　　　）L。

A.2   B.3   C.5

D.6   E.9

（三）判断题（请在你认为正确的题后括号内打"√"，错误的题后括号内打"×"）

1.一般物质起火，都可以用水来冷却灭火。   （　　　）

2.碳酸氢钠干粉灭火器，又称为 ABC 类干粉灭火器，用于灭固体、液体、气体火灾。   （　　　）

3.二氧化碳从贮存容器中喷出时，会由液体迅速气化成气体，而从周围吸引部分热量，起到冷却的作用。   （　　　）

4.清水灭火器通过冷却作用灭火，主要用于扑救固体火灾（即 A 类火灾），如木材、纸张、棉麻、织物等的初期火灾。   （　　　）

任务二　掌握一般灭火器的使用方法

任务描述与分析

任务一中讲解了灭火的各种原理和灭火器的种类，它们通过不同的原理来达到灭火的目的。本节的主要任务就是掌握各种灭火器的使用方法。

知识与技能

（一）手提式清水灭火器的使用方法

将清水灭火器（见图4-3）提至火场，在距着火物 2 m 左右处，拔出保险销，一只手紧握喷射软管前的喷嘴并对准燃烧物，另一只手握住压把并用力压下压把，水即可从喷嘴中喷出。灭火时，随着有效喷射距离的缩短，使用者应逐步向燃烧区靠近，使水流始终喷射在燃烧物处，直至将火扑灭。

清水灭火器在使用过程中切忌将灭火器颠倒或横卧，否则不能喷射。

(二)手提式机械泡沫灭火器的使用方法

将机械泡沫灭火器(见图4-4)提至火场,在距着火物 2 m 左右处,拔出保险销,一只手紧握喷射软管前的喷嘴并对准燃烧物,另一手握住提把并用力压下压把,泡沫即可从喷嘴中喷出。在室外使用时,应选择在上风方向喷射。

图4-3 手提式清水灭火器

图4-4 手提式机械泡沫灭火器

在扑救可燃液体火灾时,如燃烧物已呈流淌状燃烧,则将泡沫由近而远喷射,使泡沫完全覆盖在燃烧液面上。

如可燃液体在容器内燃烧,应将泡沫射向容器的内壁,使泡沫沿着内壁流淌,逐步覆盖着火液面,切忌直接对准液面喷射;在扑救固体物质时,应将射流对准燃烧最猛烈处。灭火时,随着有效喷射距离的缩短,使用者应逐步向燃烧区靠近,并始终将泡沫喷射在燃烧物上,直至将火扑灭。

使用时,灭火器应当是直立状态的,不可颠倒或横卧使用,否则会中断喷射;也不能松开开启压把,否则也会中断喷射。

(三)手提式干粉灭火器的使用方法

手提式干粉灭火器(见图4-5)使用时,应手提灭火器的提把,迅速赶到火场,在距离起火点 2 m 左右处,放下灭火器。在室外使用时注意占据上风方向。使用前先把灭火器上下颠倒几次,使筒内干粉松动。使用时应先拔下保险销,如有喷射软管的需一只手握住其喷嘴(没有软管的,可扶住灭火器的底圈),另一只手提起灭火器并用力按下压把,干粉便会从喷嘴喷射出来。

图4-5 手提式干粉灭火器

干粉灭火器在喷射过程中应始终保持直立状态,不能横卧或颠倒使用,否则不能喷粉。压下压把后,中途不应松手,否则该瓶灭火器内未喷出的干粉因气压不足而失去灭火作用。

干粉灭火器扑救可燃、易燃液体火灾时,应对准火焰根部扫射。如果被扑救的液体火灾呈流淌燃烧时,应对准火焰根部由近而远,并左右扫射,直至把火焰全部扑灭。在扑救容器内可燃液体火灾时,应注意不能将喷嘴直接对准液面喷射,防止射流的冲击力使可燃液体溅出而扩大火势,造成灭火困难。干粉灭火器扑救固体可燃物火灾时,应对准燃烧最猛烈处喷射,并上下左右扫射。如条件许可,操作者可提着灭火器沿着燃烧物的四周边走边喷,使干粉灭火剂均匀地喷在燃烧物的表面上,直至将火焰全部扑灭。

(四)手提式二氧化碳灭火器的使用方法

使用二氧化碳灭火器(见图4-6)时,可手提或肩扛灭火器迅速赶到火灾现场,在距燃烧物2 m左右处,放下灭火器。灭火时一手扳转喷射弯管,如有喷射软管的应握住喷筒根部的木手柄,并将喷筒对准火源,另一只手提起灭火器并压下压把,液态的二氧化碳在高压作用下立即喷出且迅速汽化。

图4-6 手提式二氧化碳灭火器

应注意的是,二氧化碳是窒息性气体,对人体有害,在空气中二氧化碳含量达到8.5%会使得呼吸困难,血压增高;二氧化碳含量达到20%～30%时,呼吸衰弱,精神不振,严重的可能因窒息而死亡。因此,在空气不流通的火场使用二氧化碳灭火器后,必须及时通风。

在灭火时,要连续喷射,防止余烬复燃,不可颠倒使用。

二氧化碳是以液态贮存在钢瓶内的,使用时液体迅速汽化吸收本身的热量,使自身温度急剧下降到-78.5 ℃左右。利用它来冷却燃烧物质和冲淡燃烧区空气中的含氧量以达到灭火的效果。所以在使用中要戴上手套,动作要迅速,以防止冻伤。如在室外,则不能逆风使用。

(五)推车式干粉灭火器和推车式水成膜灭火器的使用方法

推车式干粉灭火器(见图4-7)和推车式水成膜灭火器(见图4-8)一般由两人操作。使用时应将灭火器迅速推(或拉)到火场,在离起火点5 m左右处停下,将灭火器放稳,然后一人迅速取下喷枪并展开喷射软管,然后一手握住喷枪枪管,另一只手打开喷枪并将喷嘴对准燃烧物,另一人迅速拔出保险销,并向上扳起手柄,灭火剂即喷出。具体的灭火技法与手提式干粉灭火器相同。

(六)推车式二氧化碳灭火器

推车式二氧化碳灭火器一般由两个人操作。使用时应将灭火器推(或拉)到燃烧处,在离燃烧物5 m左右停下,一人快速取下喇叭筒并展开喷射软管后,握住喇叭筒根部的手柄并将喷嘴对准燃烧物,另一人快速按逆时针方向旋动阀门的手轮,并开到最大位置,灭火剂即喷出。具体的灭火技法与手提式二氧化碳灭火器一样。

图 4-7 推车式干粉灭火器

图 4-8 推车式水成膜灭火器

拓展与提高

火场烟气是致人死亡的元凶

烟气是火场中致人死亡的元凶。烟雾和毒气无孔不入,而且流动性强,有时人们在还没有来得及发现火光之前,就已深受其害,失去行动能力,以致窒息或中毒死亡。

烟气是物质在燃烧反应过程中热分解生成的含有大量热量的气态、液态和固态物质与空气的混合物。

火灾烟气中有大量的一氧化碳和其他有害气体,吸入以后容易造成窒息。火灾发生时被浓烟熏呛致死的人数,往往是直接烧死的几倍。烟气的流动方向就是火势蔓延的途径,温度极高的浓烟,在 2 min 内就可形成明火,而且对相距很远的人也能构成威胁。此外,由于烟的出现,能见度下降,严重阻碍了人的视线。有研究表明,只要人的视野降至 3 m 以内,想逃离火场就比较困难了。

火灾发生时,人们普遍会产生恐惧心理,尤其当火灾产生的浓烟导致方向不明时,越发使人感到恐惧无助,使人失去理智和行动能力,无法正常疏散,甚至相互挤压、踩踏、堵塞逃生路径,最终造成群死、群伤的后果。

思考与练习

(一)单项选择题(下列各题中,只有一个最符合题意,请将其编号填写在括号内)

1.手提式清水灭火器灭火时应距离着火物( )m 左右。

A.1   B.1.5   C.2   D.5

2.干粉灭火器在喷射过程中应始终保持( )状态。

A.水平　　　　　　B.倾斜　　　　　　C.倒立　　　　　D.直立

3.手提式二氧化碳灭火器,在灭火时,要(　　　)喷射。

A.间断　　　　　　B.连续　　　　　　C.先连续后间断　　　D.先间断后连续

(二)判断题(请在你认为正确的题后括号内打"√",错误的题后括号内打"×")

1.清水灭火器在使用过程中切忌将灭火器颠倒或横卧。　　　　　　　　　　　　(　　　)

2.手提式干粉灭火器使用时,压下压把后,应立即松手。　　　　　　　　　　　　(　　　)

3.推车式二氧化碳灭火器一般由一人操作。　　　　　　　　　　　　　　　　　(　　　)

4.在空气不流通的火场使用二氧化碳灭火器后,必须及时通风。　　　　　　　　(　　　)

5.手提式二氧化碳灭火器在使用中不得戴手套,且动作要迅速。　　　　　　　　(　　　)

任务三　掌握火海逃生的十大对策

任务描述与分析

　　火的使用对人类的进步有着非常重要的意义,但是火在某些时候会成为危害人类安全的洪水猛兽,掌握必要的火海逃生知识对同学们的自身安全有着重要的意义。本任务主要目的是让同学们学会火海逃生的十大对策。

知识与技能

(一)熟悉环境,铭记出口

　　入住酒店等场所时,务必留心疏散通道、安全出口及楼梯方位,以便失火时尽快逃离现场。

(二)善用通道,勿入电梯

　　客用电梯在火灾时是禁止使用的,由于其封闭不严,容易成为烟火蔓延的主要通道。为避免伤亡,决不要乘坐电梯,应通过消防楼梯和消防电梯疏散到安全地带。

(三)不入险地,不恋财物

　　火灾发生时,不要浪费时间去收拾衣物或搜寻值钱的东西。时间宝贵,生命重要,没有什么东西值得用生命去冒险。千万记住,既已逃出绝不重返火场险地。

(四)保持镇静,迅速撤离

面对浓烟和烈火,要强令自己保持镇静。当火势不大时,要尽量往楼层下面跑。若通道被烟火封阻,则应背向烟火方向离开,逃到天台、阳台处。

(五)火已烧身,切勿惊跑

火烧身时若再奔跑会形成风势,促旺火势。最佳办法是设法脱掉衣服或就地翻滚,或由他人帮助用被服覆盖,压灭火苗。

(六)发出信号,等待救援

在逃生无门的情况下,努力争取救援不失为上策。被困者要尽量待在阳台、窗口等易于被人发现和能避免烟火近身的地方,并及时发出求救信号,引起救援人员的注意。因消防人员进入室内都是沿着墙壁摸索前进的,故在将要失去知觉前应努力移到墙边,以便消防人员寻找、营救。

(七)简易防护,不可缺少

家庭、单位、酒店应备有防烟面罩,以便逃生时使用。必要时可用最简单的方法,如用毛巾、口罩蒙鼻,用水浇身,匍匐前进。因为烟气较空气轻而飘于上部,贴近地面逃离是避免烟气吸入的最佳方法。

(八)缓降逃生,滑绳自救

高层住宅、写字楼应备有高空缓降器或救生绳,以便发生火灾时人员通过这些设施安全离开危险楼层。必要时也可用床单、窗帘、衣服等连接成简单的救生绳,并用水打湿,从窗台或阳台沿绳缓慢滑到下面安全楼层。

(九)争分夺秒,扑灭小火

当发生火灾时,如果火势不大,应奋力将小火扑灭,千万不要惊慌失措,置小火于不顾而酿成大灾。

(十)大火袭来,固守待援

大火袭近时,假如用手摸到房门已感烫手,此时开门,火焰和浓烟将扑面而来。这时,一定要关紧门窗,用湿毛巾、湿布塞堵门缝,或用水浸湿棉被,蒙上门窗,防止烟火侵入,等待救援人员到来。不要盲目冒险跳楼。

拓展与提高

恐慌是火场逃生最危险的敌人

　　危害非常小的火灾有时也会使人陷入过分的恐慌中,害怕和恐慌的程度因人而异。当人群汇集成群,共同拥有不安和恐慌,显示出火灾时特有的心理,会导致比火灾本身更加严重的灾害。混乱时,由于恐慌,就容易听从谣言或错误的诱导。从心理学角度看,人遇到火灾时的烟雾、异臭、停电、嘈杂等状况,常常会导致恐慌。

　　人们在日常生活中,对黑暗都有一种不安的感觉。因此,当突如其来的烟雾遮挡住视线时,人们习惯上都朝着有亮光的方向逃跑。疏散行动变成了只着眼于眼前危险的本能行动。被烟和火追得走投无路,没有其他逃生办法时,往往会采取从高处跳下等不理智的行为。

　　由于烟雾和火的刺激,判断力减弱,身体不适时便会惊慌失措,从而延误了采取疏散行动的时机。

 思考与练习

判断题(请在你认为正确的题后括号内打"√",错误的题后括号内打"×")

1.入住酒店等场所时,务必留心疏散通道、安全出口及楼梯方位。　　　　　　　(　　)
2.若通道被烟火封阻,则应背向烟火方向离开,逃到天台、阳台处。　　　　　　(　　)
3.贴近地面逃离是避免烟气吸入的最佳方法,因此应匍匐前进。　　　　　　　　(　　)
4.当发现发生火灾时,应快速穿好衣物和带上值钱的东西。　　　　　　　　　　(　　)
5.发生火灾时,一旦发现被困室内,应立即冒险从窗口跳下,获得一丝求生希望。(　　)

 考核与鉴定

(一)单项选择题(下列各题中,只有一个最符合题意,请将其编号填写在括号内)

1.手提式干粉灭火器在距着火物(　　)m左右处进行灭火。
　A.1　　　　　　　　B.2　　　　　　　　C.3　　　　　　　　D.4
2.水的灭火机理主要是(　　)。
　A.冷却灭火　　　　B.窒息灭火　　　　C.隔离灭火　　　　D.化学抑制灭火
3.干粉灭火剂灭火是(　　)原理。
　A.冷却灭火　　　　B.窒息灭火　　　　C.隔离灭火　　　　D.化学抑制灭火
4.在火灾发展的过程中,(　　)灭火最为重要,若处理得好,可以有效地控制火势。

A.火灾初起时   B.火灾中期   C.火灾最严重时   D.火灾后期

5.泡沫灭火器充装的是水和泡沫灭火剂,可分为化学泡沫灭火器和空气泡沫(机械泡沫)灭火器,可用于(　　　)。

A.带电设备火灾   B.气体火灾   C.金属火灾   D.森林火灾

6.二氧化碳灭火器里的二氧化碳是(　　　)形态。

A.气态   B.液态   C.固态   D.粉态

(二)多项选择题(下列各题中,至少有两个答案符合题意,请将其编号填写在括号内)

1.干粉灭火器是目前使用较为普遍的灭火器,可用于(　　　)。

A.固体火灾   B.气体火灾

C.液体火灾   D.森林火灾

E.棉麻火灾

2.水基型灭火器,可分为(　　　)。

A.清水灭火器   B.干粉灭火器

C.二氧化碳灭火器   D.固体灭火器

E.泡沫灭火器

3.干粉灭火器常用于(　　　)。

A.加油站   B.变配电室

C.煤气站   D.船舶

E.工矿企业及公共建筑等场所

4.灭火的基本原理,可分为(　　　)。

A.冷却灭火   B.窒息灭火

C.隔离灭火   D.化学抑制灭火

E.泡沫灭火

(三)判断题(请在你认为正确的题后括号内打"√",错误的题后括号内打"×")

1.由于烟雾和火的刺激,判断力减弱,身体不适时便惊慌失措,反而延误了采取疏散行动的时机。   (　　　)

2.大火袭近时,假如用手摸到房门已感烫手,此时应及时开门逃。   (　　　)

3.炒菜时如油锅着火,应及时浇水灭火。   (　　　)

4.必要时也可用床单、窗帘、衣服等连接成简单救生绳,从窗台或阳台沿绳缓慢滑到下面安全楼层,但是绳不能用水打湿。   (　　　)

5.客用电梯由于其封闭不严,容易成为烟火蔓延的主要通道。   (　　　)

模块五　建筑节能与环保

当前,可用土地逐年减少、建设用地持续偏紧、生态环境治理任重道远、能源需求日益扩大、赖以生存的地球负荷不断增加,节约能源、环境保护、保护生态已成为全球的一致呼声和实际行动。我国是能源消耗大国,故更要增强环境保护和节约能源意识。

建材的生产和建筑工程施工中耗费大量能源,并排放大量有害物质,建筑物在使用过程中(即采暖、制冷、给水排水、电气等)也耗费大量能源并排放大量有害物质,在其全部能源消耗和环境破坏中占据了突出的比重。因此,作为建筑工作者,做好建筑的节能与环保工作,具有十分重要的意义。本模块的主要学习任务是:了解建筑节能与环保的重要性;掌握建筑节能基本技术;了解建筑环保防护技术。

学习目标

(一)知识目标

1. 能理解建筑节能与环保的重要性;
2. 能记住常用建筑节能技术;
3. 能记住常用环境防护技术。

(二)技能目标

1. 能根据施工现场提出建筑节能相关技术措施;
2. 能根据施工现场环境情况提出有关环境保护措施。

(三)职业素养目标

1. 具有珍爱生命、热爱地球的人生价值观;
2. 具有讲究卫生、爱护环境,保护好我们共同家园的社会责任。

任务一 了解建筑节能与环保的重要性

任务描述与分析

在建筑的全寿命周期内,应最大限度地节约资源(节能、节地、节水、节材)、保护环境和减少污染,为人们提供健康、舒适、高效的使用空间,做到人与自然和谐共生。本任务的具体要求是:掌握能源危机和环境污染的知识,具备辨识建筑业中各种能源消耗和环境污染的基本技能。

知识与技能

(一)能源危机

世界能源危机是人为造成的能源短缺。石油资源蕴藏量不是无限的,容易开采和利用的储量已经不多,剩余储量的开发难度越来越大,到一定限度就会失去继续开采的价值。在世界能源消费以石油为主导的条件下,如果能源消费结构不改变,就会发生能源危机。煤炭资源虽比石油多,但也不是取之不尽的。除了煤炭之外,代替石油的其他能源,能够大规模利用的还很少。太阳能虽然用之不竭,但代价太高,并且在一段时间里不可能迅速发展和广泛使用。

我国人均能源可采储量远远低于世界平均水平,能源消耗巨大。以建筑能耗为例,建筑能耗占到全国总能耗的30%~40%,是发达国家的2~3倍。我国人均耕地只占世界的1/3,而实心黏土砖每年毁田达12万亩。我国水资源仅为世界人均占有量的1/4,而卫生洁具耗水量高出发达国家30%以上,污水回水率仅为发达国家的25%。钢材、水泥等物耗水平也要比发达国家高出10%~30%。

现阶段,随着国民经济的持续发展和城乡建设的加快,截至2015年城镇50%以上的建筑是在21世纪内建造的。因此,有效地降低建筑业的能源消耗,减少建筑行业造成的环境污染,将对整个社会可持续发展起着至关重要的作用。

世界范围内石油、煤炭、天然气3种传统能源日趋枯竭,人类将不得不转向成本较高的生物能、水利、地热、风力、太阳能和核能,而我国的能源问题更加严重。我国能源发展主要存在4大问题:

(1)人均能源拥有量、储备量低。

(2)能源结构依然以煤为主,约占75%。全国年耗煤量已超过13亿t。

(3)能源分布不均,主要表现在经济发达地区能源短缺和农村商业能源供应不足,造成北煤南运、西气东输、西电东送。

(4)能源利用效率低,能源终端利用效率仅为33%,比发达国家低10%。

随着城市建设的高速发展,我国的建筑能耗逐年大幅度上升,已达全社会能源消耗量的

32%,加上每年房屋建筑材料生产能耗约13%,建筑总能耗已达全国能源总消耗量的45%。如果我国继续执行节能水平较低的设计标准,将留下很重的能耗负担和治理困难。庞大的建筑能耗,已经成为国民经济的巨大负担,建筑行业全面节能势在必行。全面的建筑节能有利于从根本上促进能源节约和合理利用,缓解我国能源供应与经济社会发展的矛盾;有利于加快发展循环经济,实现经济社会的可持续发展;有利于长远地保障国家能源安全、保护环境、提高人民群众生活质量、贯彻落实科学发展观。

(二)环境污染

传统化石能源的大量消耗,导致能源枯竭的同时也给环境带来了巨大的灾害,产生了各种环境问题,如温室效应、臭氧层破坏、酸雨等。

1.温室效应

温室效应是指透射阳光的密闭空间由于与外界缺乏热交换而形成的大气保温效应。在地球大气层中存在一些微量气体,如二氧化碳、氯氟代烷、甲烷、一氧化氮等,这些气体具有吸热和隔热的功能,其作用如同温室的玻璃一样,太阳短波辐射可以透过大气射入地面,而地面增暖后放出的长波辐射却被它们所吸收,形成一种无形的玻璃罩,使太阳辐射到地球上的热量无法向外层空间发散,其结果是地球表面变热,这种现象称为温室效应。温室效应引发全球变暖所带来的影响和危害主要有几个方面:海平面上升;全球降雨不均衡,洪涝、干旱时有发生;影响大气环流,出现异常天气情况,造成农作物歉收;快速的气候变化造成大量物种的灭绝,对生物产生多样化影响;全球变暖造成生态系统和环境的变化,引起传染病的流行,危害人类健康。

2.臭氧层破坏

臭氧层是地球最好的保护伞,它能有效地阻止来自太阳的大部分有害紫外光通过,而让可见光通过并达到地球表面,为各种生物的生存提供必要的太阳能。而当前人类的活动正在使臭氧层遭到几乎毁灭性的破坏,人工合成的含有氯、氟的一些物质,尤其以氟利昂和哈龙对臭氧层的破坏最大。近20年的科学研究和大气观测发现:春季南极大气中的臭氧层一直在变薄,事实上在极地大气中存在一个臭氧洞。臭氧层遭到破坏所带来的严重后果是:使人体免疫机能下降,增加患皮肤癌、白内障的概率;过量的阳光造成农作物减产,森林退化;海洋生态系统遭到破坏,加剧温室效应和全球变暖。

3.酸雨

大量使用能源提升了人类的物质文明,却也造成了始料未及的灾害,其中酸雨危害几乎遍及全球,危害极大。

随着工业化和能源消费增多,酸性排放物也日益增多,它们进入空气中,经过一系列作用就形成了酸雨。一般未被污染的雨水,pH值呈弱酸性。pH值低于5.6便为酸雨(pH值越小,酸度越高),如今频频出现pH值<3的强酸雨(几乎与醋酸相当)。有人认为酸雨是一场无声无息的危机,而且是有史以来冲击我们最严重的环境威胁,是一个看不见的敌人,这并非危言耸听。

酸雨是大气环境质量综合因素的客观反映。对酸雨的形成起主要作用的SO_x和NO_x均来自于天然源和人工源,尤其是煤炭和石油燃烧过程中释放的二氧化碳,矿物燃料中含氮物质燃烧时产生氮氧化物,以及汽车、飞机的尾气有关。酸雨对农业的影响主要是:造成土壤酸化,肥力降低;造成水体酸化,破坏水生生态系统;造成植物黄叶并脱落,森林成片衰亡;同时,还会危害人体健康,诱发癌症、老年痴呆等疾病,增加患动脉硬化、心梗、肺水肿的概率。

(三)建筑产业对环境的影响和破坏

建筑环境是人类活动对资源影响的一个非常明显的例子。世界 1/6 净水供应给建筑,建筑消耗掉 1/4 的木材,消耗掉 2/5 的材料与能量。全球的建筑相关产业消耗了地球能源的50%、水资源的 50%、原材料的 40%,同时产生了 42% 的温室气体、50% 的水污染、48% 的固体废弃物、50% 的氟氯化合物,同时建筑结构也影响水域、空气质量以及社会群体结构等。

1.现代建筑三大环境污染

(1)热环境。在大的区域气候背景条件下,出现的城市区域特殊气候,使得气候要素产生显著变化:气温升高,形成"热岛",风速减小、风向随地而异;蒸发减弱、湿度降低;雾日增加、能见度差等。

(2)光环境。现代科学实验证实:一定量的光刺激可以创造舒适的人居物理环境,但人类对光刺激量的精神和物质的调节能力是有一定限度的。

(3)声环境。城市噪声的干扰,主要来自于交通噪声、工业噪声、施工噪声及社会生活噪声。

2.建筑业对环境的污染

1)建筑废弃物污染

一栋高楼大厦寿命的提前终结,可能会让后来的房地产商赚个盆满钵满,但对社会整体来讲却是一种巨大的资源浪费,由此带来的建筑垃圾也将造成严重的环境污染。建筑垃圾大多数被运往郊外露天堆放或填埋,不但占用了宝贵的耕地,而且还对土壤、水源、河道、植被等自然生态环境造成了很大危害,同时,在清运过程中也严重影响了城市环境质量和城市形象,如图 5-1 所示。

图 5-1 建筑废弃物污染

2)室内空气污染

美国已将室内空气污染归为危害人类健康的五大环境因素之一。世界卫生组织也将室内空气污染与高血压、胆固醇过高症以及肥胖症等共同列为人类健康的十大威胁。据统计,全球近一半的人处于室内空气污染中,室内空气污染已经引起 35.7% 的呼吸道疾病,22% 的慢性肺病和 15% 的气管炎、支气管炎和肺癌。

在现代城市中,室内空气污染的程度比户外高出很多倍,更重要的是,80%以上的城市人口超过70%的时间在室内度过,而儿童、孕妇和慢性病人在室内停留的时间比其他人群更长,受到室内环境污染的危害就更加显著。特别是儿童,他们比成年人更容易受到室内空气污染的危害。一方面,儿童的身体正在成长发育中,呼吸量按单位体重比成年人高近50%;另一方面,儿童有80%的时间生活在室内。世界卫生组织宣布:全世界每年有10万人死于因室内空气污染而导致的哮喘,其中的35%为儿童。我国儿童哮喘患病率为2%~5%,其中85%的患病儿童年龄在5岁以下。

 拓展与提高

我国建筑节能与环保现状

2013年,我国节能建筑面积为8.9亿 m^2。我国既有建筑面积超过500亿 m^2,90%以上属于高耗能建筑,总量庞大,潜伏巨大能源危机。政府权威数据显示,仅到2013年末,我国建筑年消耗商品能源共计7.56亿t标准煤,占全社会终端能耗总量的19.50%,而建筑用能的增加对全国的温室气体排放"贡献率"已经达到了25%。因高耗能建筑比例大,仅北方采暖地区每年就多耗标准煤1 800万t,直接经济损失达70亿元,多排放二氧化碳52万t。如果任由这种状况继续发展,到2020年,我国建筑耗能将达到1 089亿t标准;到2020年,空调夏季高峰负荷将相当于10个三峡水电站满负荷能力,这将会是一个十分惊人的数量。据分析,我国正处于建设鼎盛期,每年建成的房屋面积超过20亿 m^2,超过所有发达国家年建成建筑面积的总和,而97%以上是高能耗建筑。以如此建设增速,预计到2020年,全国高耗能建筑面积将达到700亿 m^2。因此,如果不开始注重建筑节能设计,将直接加剧能源危机。

在20世纪70年代能源危机后,发达国家开始致力于研究与推行建筑节能技术,而我国却忽视了这一方面的问题。时至今日,我国建筑节能水平远远落后于发达国家。例如,国内绝大多数采暖地区围护结构的热功能都比气候相近的发达国家差许多。外墙的传热系数是他们的3.5~4.5倍,外窗为2~3倍,屋面为3~6倍,门窗的空气渗透为3~6倍。欧洲国家住宅的实际年采暖能耗已普遍达到每平方米6 L油,大约相当于每平方米8.57 kg标准煤,而在我国,达到节能50%的建筑,它的采暖耗能每平方米也要达到12.5 kg标准煤,约为欧洲国家的1.5倍。例如,与北京气候条件大体上接近的德国,1984年以前建筑采暖能耗标准和北京目前的水平差不多,每平方米每年消耗24.6~30.8 kg标准煤,但到了2001年,德国的这一数字却降低至每平方米3.7~8.6 kg标准煤,其建筑能耗降低至原有的1/3左右,而北京这一数字却一直停留在22.45左右。

随着我国现代建筑产业发展,绿色环保的建筑理念逐渐成为现代建筑的主流。然而,我国现代建筑产业起步晚,在绿色环保理念的贯彻和实施上都十分欠缺。因此,在我国建筑产业的现代化进程中,尤其是绿色环保建筑领域的发展,在建筑装饰环保材料上面临诸多问题,其中环保材料的工艺、设计都存在严重的不足。

(1)环保材料的工艺欠缺。由于环保建材以高分子合成材料为主,因而对制作工艺有非常严格的要求。但我国环保材料的工艺过于传统,尤其是在材料的合成上、工艺上缺乏创新性。当前的环保材料工艺,主要还停留在高分子化合物的研究,对高分子化合物的加工、合成等技术,还是以借鉴为主。

(2)环保材料的质量欠佳。我国当前的环保材料市场比较混乱,产品种类繁多,质量参差不齐。环保材料质量的不可靠,是当今环保材料市场的一大通病。从市场角度看,造成该问题的主要原因是我国在环保材料的研发上缺乏核心技术的支持,在材料的生产过程中,企业不严格按照配方生产,没有按照工艺规程和产品标准对质量进行实质性的控制。

(3)环保材料的更新换代缓慢,很难适应国际市场的需求。国外的环保材料,注重的是顾客的需求、市场的发展,已基本实现标准化、系列化生产。而我国,在经过十多年的发展后,虽然在品种样式上有一定的创新,但和国外企业相比,品种少、样式陈旧的缺点显露无遗,缺乏有效的竞争力,很难适应国际市场的需求。

(4)现代建筑中环保理念的体现。环保节能是我国可持续发展战略的一个重要组成部分,随着科技的发展,新型环保建筑材料不断地应用到建筑工程当中。新型环保建筑材料既符合环保的要求又具有现代建筑的时代特征。新型环保建筑材料主要有绿色混凝土材料、保湿隔热材料和防水材料等。

(5)环保材料的市场结构不合理。在现代建筑装修中地面材料是最常用到的,近年来也有了很大的发展,但是新型环保材料的使用还远远不够。据相关材料数据得知:在地面装修中,陶瓷墙地砖所占的比例最大,达到60%以上;其次是塑料地板,占到16%～20%;大理石花岗石地面占到10%～12%;而绿色环保的木质地板只占到3%～4%。这说明我国对环保的认识还很肤浅,将价格低廉耗能高的产品放在了首位,产品结构不合理。

 思考与练习

(一)单项选择题(下列各题中,只有一个最符合题意,请将其编号填写在括号内)

1.(　　)是指透射阳光的密闭空间由于与外界缺乏热交换而形成的保温效应。

A.温室效应　　　　B.温室气体效应　　　C.冷热效应　　　　D.光学效应

2.酸雨是指 pH<(　　)的降水,是大气环境质量综合因素的客观反映。

A.5.6　　　　　　B.4.5　　　　　　　C.3.0　　　　　　　D.2.5

3.(　　)是地球最好的保护伞。

A.植被　　　　　　B.阳光　　　　　　　C.臭氧层　　　　　　D.海洋

（二）多项选择题（下列各题中，至少有两个答案符合题意，请将其编号填写在括号内）

1.传统的三大能源是（　　）。

A.煤炭　　　　　　B.地热能　　　　　C.石油　　　　　　D.太阳能

E.天然气

2.常见的环境问题有（　　）。

A.温室效应　　　　B.水　　　　　　　C.臭氧层破坏　　　D.酸雨

E.生活垃圾

3.现代建筑的三大污染包括（　　）。

A.热污染　　　　　　　　　　　　　　B.光污染

C.水污染　　　　　　　　　　　　　　D.声污染

E.大气污染

（三）判断题（请在你认为正确的题后括号内打"√"，错误的题后括号内打"×"）

1.世界能源危机是社会进步造成的能源短缺。　　　　　　　　　　　　（　　）

2.有效地降低建筑业的能源资源消耗，减少建筑行业造成的环境污染，将对整个社会可持续发展起着至关重要的作用。　　　　　　　　　　　　　　　　　　（　　）

3.酸雨会危害人体健康，诱发癌症、老年痴呆等疾病。　　　　　　　　（　　）

任务二　掌握建筑节能基本技术

任务描述与分析

在当前建筑事业迅速发展的浪潮中，建筑节能设计已经是一个极为重要的热点话题，也是建筑技术进步的一个显著表现，是建筑界实施可持续发展战略的一个关键环节。建筑节能有利于减少建筑对环境的影响和破坏，节省能源，节约资源，从根本上促进能源的合理利用，缓解我国能源资源供应不足的现状，也有利于提高人民群众生活质量，保护环境，保障国家能源安全。因此，建筑行业全面节能势在必行。本任务的具体要求是：理解建筑节能的含义，了解建筑节能的基本途径，掌握建筑节能的新技术以及节能材料开发的相关内容。

知识与技能

（一）建筑节能的含义

建筑节能，在发达国家最初为减少建筑中能量的散失，普遍称为"提高建筑中的能源利用率"，在保证提高建筑舒适性的条件下，合理使用能源，不断提高能源利用效率。

全面的建筑节能，就是建筑全寿命过程中每一个环节节能的总和，是指建筑在选址、规划、设计、建造和使用过程中,通过采用节能型的建筑材料、产品和设备,执行建筑节能标准,加强建筑物所使用的节能设备的运行管理,合理设计建筑围护结构的热工性能,提高采暖、制冷、照明、通风、给排水和管道系统的运行效率,以及利用可再生能源,在保证建筑物使用功能和室内热环境质量的前提下,降低建筑能源消耗,合理、有效地利用能源。全面的建筑节能是一项系统工程,必须由国家立法、政府主导,对建筑节能作出全面的、明确的政策规定,并由政府相关部门按照国家的节能政策,制订全面的建筑节能标准;要真正做到全面的建筑节能,还须由设计、施工、各级监督管理部门、开发商、运行管理部门、用户等各个环节,严格按照国家节能政策和节能标准的规定,全面贯彻执行各项节能措施,从而使每一位公民真正树立起全面的建筑节能观,将建筑节能真正落到实处。

(二)建筑节能的基本途径

影响建筑能耗的因素众多,比如建筑物所处的地理位置、区域气候特征、建筑物自身构造、建筑设备的使用、建筑物的运行管理与维护等,因而建筑节能是一个系统工程,它涉及建筑的规划、设计、施工、运行管理等诸多环节,涉及建筑、结构、建筑设备、建筑电气与智能化等专业技术,但从技术途径上来说,主要通过尽量减少不可再生能源的消耗、提高能源的使用效率、减少建筑围护结构的能量损失、降低建筑设施运行的能耗等方面来实现。

1.减少能源总需求量

减少能源总需求量,主要是减少建筑的冷、热及照明能耗,是降低建筑能耗总量的重要内容,一般可从以下几方面实现。

1)建筑规划设计

在建筑规划和设计时,根据大范围的气候条件影响,针对建筑自身所处的具体环境气候特征,重视利用自然环境(如外界气流、雨水、湖泊和绿化、地形等),创造良好的建筑室内微气候,以尽量减少对建筑设备的依赖。具体措施可归纳为以下3个方面:

(1)合理选择建筑的地址。建筑选址主要是根据当地的气候、土质、水质、地形及周围环境条件等因素的综合状况来确定。在建筑设计中,既要使建筑在其整个生命周期中保持适宜的微气候环境,为建筑节能创造条件,同时又要不破坏整体生态环境的平衡。

(2)采取合理的外部环境设计。根据建筑功能的需求,应通过合理的外部环境设计来改善既有的微气候环境,创造建筑节能的有利环境(主要方法为:在建筑周围布置树木、植被,既能有效地遮挡风沙、净化空气,还能遮阳、降噪;创造人工自然环境,如在建筑附近设置水面,利用水来平衡环境温度、降风沙及收集雨水等)。

(3)合理的规划和建筑体型设计。这是充分利用建筑室外微环境来改善建筑室内微环境的关键部分,主要通过建筑各部件的结构构造设计和建筑内部空间的合理分隔设计得以实现。合理的建筑规划和体型设计能有效地适应恶劣的微气候环境。它包括对建筑整体体量、建筑体型及建筑形体组合、建筑日照及朝向等方面的确定,例如:蒙古包的圆形平面、圆锥形屋顶能有效地适应草原的恶劣气候,起到减少建筑的散热面积、抵抗风沙的效果;沿海湿热地区,引入自然通风对节能非常重要,在规划布局上,可以通过建筑的向阳面和背阴面形成不同的气压,即使在无风时也能形成通风,在建筑体型设计上形成风洞,使自然风在其中回旋,得到良好的通风效果,从而达到节能的目的。日照及朝向选择的原则是:冬季能获得足够的日照并避开主导风向,夏季能利用自然通风并尽量减少太阳辐射。然而,建筑的朝向、方位以及建筑总平面的设计应考虑多方面的因素,建筑受到社会历史文化、地形、城市规划、道路、环境等条件的制约,要想使建筑物的朝向同时满足夏季防热和冬季保温通常是困难的,因此,只能权衡各个因素之间的得失,找到一个平衡点,选择出适合这一地区气候环境的最佳朝向或较好朝向。

2)围护结构

建筑围护结构组成部件(屋顶、墙、地基、隔热材料、密封材料、门和窗、遮阳设施)的设计对建筑能耗、环境性能、室内空气质量与用户所处的视觉和热舒适环境有根本的影响。一般增大围护结构的费用仅为总投资的3%~6%,而节能却可达20%~40%。通过改善建筑物围护结构的热工性能,在夏季可减少室外热量传入室内,在冬季可减少室内热量的流失,使建筑热环境得以改善,从而减少建筑冷热消耗。墙体采用岩棉、玻璃棉、聚苯乙烯塑料、聚氨酯泡沫塑料及聚乙烯塑料等新型高效保温绝热材料以及复合墙体,降低外墙传热系数;采取增加窗玻璃层数,窗上加贴透明聚酯膜,加装门窗密封条,使用低辐射玻璃(low-E 玻璃)、封装玻璃和绝热性能好的塑料窗等措施,改善门窗绝热性能,有效降低室内空气与室外空气的热传导;采用高效保温材料保温屋面、架空型保温屋面、浮石沙保温屋面和倒置型保温屋面等节能屋面;在南方地区和夏热冬冷地区采用屋面遮阳隔热技术,采用综合考虑建筑物的通风、遮阳、自然采光等建筑围护结构优化集成节能技术,例如双层幕墙技术(中间带有可调遮阳板且可通风的方式,夏季可有效遮阳和通风排热,冬季又可使太阳光透过,减少采暖负荷)。

3)提高终端用户用能效率

首先,根据建筑的特点和功能,设计高能效的暖通空调设备系统;然后,在使用过程中采用能源管理和监控系统监督和调控室内的舒适度、室内空气品质和能耗情况。

(1)能源系统节能控制技术,是对既有热网系统和楼宇能源系统进行节能改造,实现优化运行节能控制的关键技术。其主要有三种方式:VWV(变水量)、VAV(变风量)和VRV(变容量),关键技术是基于供热、空调系统中"冷(热)源—输配系统—末端设备"各环节物理特性的控制。

(2)热泵技术,是利用低温低位热能资源,采用热泵原理,通过少量的高位电能输入,实现低位热能向高位热能转移的一种技术,主要有空气源热泵技术和水(地)源热泵技术,可向建筑物供暖、供冷,有效降低建筑物供暖和供冷能耗,同时降低区域环境污染。

(3)采暖末端装置可调技术,主要包括末端热量可调及热量计量装置,连接每组暖气片的恒温阀,相应的热网控制调节技术以及变频泵的应用等。可实现30%~50%的节能效果,同时避免采暖末端的冷热不均问题。

(4)新风处理及空调系统的余热回收技术,新风负荷一般占建筑物总负荷30%~40%,变新风量所需的供冷量比固定的最小新风量所需的供冷量少20%左右。新风量如果能够从最小新风量到全新风变化,在春秋季可节约近60%的能耗。通过全热式换热器将空调房间排风与新风进行热、湿交换,利用空调房间的排风降温除湿,可实现空调系统的余热回收。

在其他的家电产品和办公设备方面,应尽量使用节能认证的产品。在建筑物照明工程中应当合理选择照明标准、照明方式、控制方式并充分利用自然光,选用节能产品,降低照明能耗,提高照明质量。实施建筑节能照明的原则:在考虑照明时,一定要依据照明目的来选择合适的光源和器具;在确定照度时,除考虑目的和用途之外,还必须考虑使用的年限;荧光灯的环境使用温度通常为 20 ℃,在这个温度下工作,荧光灯可以获得最高的效率,使用时,应注意尽量符合这个温度;把维修工作作为节能措施的重要一环,明确灯射出的光通量的减少、灯具变脏带来的光通量减少、天棚和墙壁造成的减光是照明设备减光的 3 个主要原因。

采取建筑照明节能的相关技术措施:采用从提高发光效率、提高显色性能、提高使用寿命等提高光源的性能和技术参数的高效长寿电光源;采用从提高灯具效率、提高灯具光通维持率的配光合理、品种齐全的新型高效光源的灯具。

2.采用新能源

新能源通常指非常规的可再生能源,是指在新技术基础上加以开发利用的可再生能源。在节约能源、保护环境方面,新能源的利用起至关重要的作用。地热能直接利用于烹饪、沐浴及暖房,已有悠久的历史,天然温泉与人工开采的地下热水至今仍被人类广泛使用。据联合国统计,世界地热水的直接利用远远超过地热发电。中国的地热水直接利用居世界首位,其次是日本。地热水的直接用途非常广泛,主要有采暖空调、工业烘干、农业温室、水产养殖、旅游温泉疗养保健等。地热带出的硫化氢被浓缩、提炼成为制造硫酸和其他化工产品的原料。地热水经过利用后,又成为清洁的水源供人们生产和生活使用,开拓了一条新水源。未来,随着科学技术的发展和进步,一座座活火山将成为一个个热电厂,一块块地震频发区反而成为一个个地热开采的中心。地热资源是地球奉献给人类的又一个能量宝库,有其不可估量的前途。

(三) 建筑节能新技术

理想的节能建筑应在最少的能量消耗下满足以下 3 点,一是能够在不同季节、不同区域控制接收或阻止太阳辐射;二是能够在不同季节保持室内的舒适性;三是能够使室内实现必要的通风换气。建筑节能的途径主要包括:尽量减少不可再生能源的消耗,提高能源的使用效率;减少建筑围护结构的能量损失;降低建筑设施运行的能耗。在这 3 个方面,高新技术起着决定性的作用。当然建筑节能也采用一些传统技术,但这些传统技术是在先进的试验论证和科学的理论分析的基础上才能用于现代化的建筑中。

1.减少能源消耗,提高能源的使用效率

为了维持居住空间的环境质量,在寒冷的季节需要取暖以提高室内的温度,在炎热的季节需要制冷以降低室内的温度,干燥时需要加湿,潮湿时需要抽湿,而这些往往都需要消耗能源才能实现。从节能的角度讲,应提高供暖(制冷)系统的效率,它包括设备本身的效率、管网传送的效率、用户端的计量以及室内环境的控制装置的效率等。这些都要求相应的行业在设计、安装、运行质量、节能系统调节、设备材料以及经营管理模式等方面采用高新技术。如在供暖系统节能方面就有 3 种新技术:一是利用计算机、平衡阀及其专用智能仪表对管网流量进行合理分配,既改善了供暖质量,又节约了能源;二是在用户散热器上安设热量分配表和温度调节阀,用户可根据需要消耗和控制热能,以达到舒适和节能的双重效果;三是采用新型的保温材料包敷送暖管道,以减少管道的热损失。近年来,低温地板辐射技术已被证明节能效果比较好,它是采用交联聚乙烯(PEX)管作为通水管,用特殊方式双向循环盘于地面层内,冬天向管内供低温热水(地热、太阳能或各种低温余热提供),夏天输入冷水可降低地表温度(国内只用于供暖)。该技术与对流散热为主的散热器相比,具有室内温度分布均匀,舒适、节能、易计量、维护方便等优点。

减少建筑围护结构的能量损失,建筑物围护结构的能量损失主要通过外墙、门窗、屋顶3个部分传递。这3部分的节能技术是各国建筑界都非常关注的。其主要发展方向是,开发高效、经济的保温、隔热材料和切实可行的构造技术,以提高围护结构的保温、隔热性能和密闭性能。

1)外墙节能技术

就墙体节能而言,传统的用重质单一材料增加墙体厚度来达到保温的做法已不能适应节能和环保的要求,而复合墙体越来越成为墙体的主流。复合墙体一般用块体材料或钢筋混凝土作为承重结构,与保温隔热材料复合,或在框架结构中用薄壁材料加以保温、隔热材料作为墙体(见图5-2)。建筑用保温和隔热材料主要有岩棉、矿渣棉、玻璃棉、聚苯乙烯泡沫、膨胀珍珠岩、膨胀蛭石、加气混凝土及胶粉聚苯颗粒浆料发泡水泥保温板等。这些材料的生产、制作都需要采用特殊的工艺和特殊的设备,而不是传统技术所能及的。值得一提的是胶粉聚苯颗粒浆料,它是将胶粉料和聚苯颗粒轻骨料加水搅拌成浆料,抹于墙体外表面,形成无空腔保温层。聚苯颗粒骨料是采用回收的废聚苯板经粉碎制成,而胶粉料掺有大量的粉煤灰,这是一种废物利用、节能环保的材料。墙体的复合技术有内附保温层、外附保温层和夹心保温层3种。中国采用夹心保温做法的较多;在欧洲各国,大多采用外附泡沫聚苯板的做法。在德国,外保温建筑占建筑总量的80%,而其中70%均采用泡沫聚苯板。

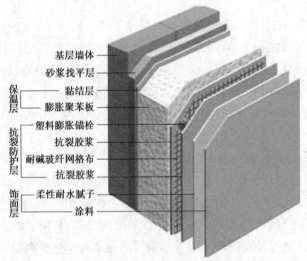

图 5-2 外墙保温系统

2)门窗节能技术

门窗具有采光、通风和围护的作用,并且在建筑艺术处理上也起着很重要的作用。然而门窗又是最容易造成能量损失的部位。为了增大采光通风面积或表现现代建筑的性格特征,建筑物的门窗面积越来越大,更有全玻璃的幕墙建筑。这就对维护结构的节能提出了更高的要求。

对门窗的节能处理主要是改善材料的保温隔热性能和提高门窗的密闭性能。从门窗材料来看,近些年出现了铝合金断热型材、铝木复合型材、钢塑整体挤出型材、塑木复合型材以及UPVC塑料型材等一些技术含量较高的节能产品。其中使用较广的是UPVC塑料型材,它所使用的原料是高分子材料——硬质聚氯乙烯。它不仅生产过程中能耗少、无污染,而且材料导热系数小,多腔体结构密封性好,因而保温隔热性能好。UPVC塑料门窗在欧洲各国已经采用多年,在德国塑料门窗中已经占了50%的比例。

中国在20世纪90年代以后,塑料门窗用量不断增大,正逐渐取代钢、铝合金等隔热性能较差的材料。为了解决大面积玻璃造成能量损失过大的问题,人们运用了高新技术,将普通玻璃加工成中空玻璃、镀贴膜玻璃(包括反射玻璃、吸热玻璃)、高强度低辐射镀膜防火玻璃、采用磁控真空溅射方法镀制含金属银层的玻璃以及最特别的智能玻璃。智能玻璃能感知外界光的变化并作出反应。它有两类:一类是光致变色玻璃,在光照射时玻璃会感光变暗,光线不易透过,停止光照射时玻璃复明,光线可以透过。在太阳光强烈时,这种玻璃可以阻隔太阳辐射热;天阴时,玻璃变亮,太阳光又能进入室内。另一类是电致变色玻璃,在两片玻璃上镀有导电膜及变色物质,通过调节电压,促使变色物质变色,调整射入的太阳光(但因其生产成本高,还不能实际使用)。这些玻璃都有很好的节能效果。

3)屋顶节能技术

屋顶的保温、隔热是围护结构节能的重点之一。在寒冷地区屋顶设保温层,以阻止室内热量散失;在炎热地区屋顶设置隔热降温层以阻止太阳的辐射热传至室内;而在冬冷夏热地区(黄河至长江流域),建筑节能则要冬、夏兼顾。

屋顶保温常用的技术措施是在屋顶防水层下设置导热系数小的轻质材料用作保温层,如膨胀珍珠岩、玻璃棉等(此为正铺法);也可在屋面防水层以上设置聚苯乙烯泡沫(此为倒铺法)。在英国有另外一种保温层做法是,采用回收废纸制成纸纤维,这种纸纤维生产能耗极小,保温性能优良,纸纤维经过硼砂阻燃处理,也能防火。施工时,先将屋顶钉成夹层,再将纸纤维喷吹入内,形成保温层。屋顶隔热降温的方法有:架空通风、屋顶蓄水或定时喷水、屋顶绿化等。以上做法都能不同程度地满足屋顶节能的要求,但最受推崇的是利用智能技术、生态技术来实现建筑节能的愿望,如太阳能集热屋顶和可控制的通风屋顶等。

2.降低建筑设施运行的能耗

采暖、制冷和照明是建筑能耗的主要部分,降低这部分能耗将对节能起着重要的作用。在这方面一些成功的技术措施很有借鉴价值,如英国建筑研究院(BRE)的节能办公楼便是一例。该办公楼在建筑围护方面采用了先进的节能控制系统,建筑内部采用通透式夹层,以便于自然通风;通过建筑物背面的格子窗进风,建筑物正面顶部墙上的格子窗排风,形成贯穿建筑物的自然通风。办公楼使用的是高效能冷热锅炉和常规锅炉,两种锅炉由计算机系统控制交替使用。通过埋置于地板内的采暖和制冷管道系统调节室温。该建筑还采用了地板下输入冷水通过散热器制冷的技术,通过在车库下面的深井用水泵从地下抽取冷水进入散热器,再由建筑物旁的另一回水井回灌。为了减少人工照明,办公楼采用了全方位组合型采光、照明系统,由建筑管理系统控制;每一单元都有日光,使用者和管理者通过检测器对系统遥控;在100座的演讲大厅内,设置有两种形式的照明系统,允许有0~100%的亮度,采用节能型管型荧光灯和白炽灯,使每个观众都能享有同样良好的视觉效果和适宜的温度。

3.新能源的开发利用

在节约不可再生能源的同时,人类还在寻求开发利用新能源以适应人口增加和能源枯竭的现实,这是历史赋予现代人的使命。而新能源有效地开发利用必定要以高科技为依托。如开发利用太阳能、风能、潮汐能、水力、地热及其他可再生的自然界能源,必须借助于先进的技术手段,并且要不断地完善和提高,以达到更有效地利用这些能源;如人们在建筑上不仅能利用太阳能采暖、太阳能热水器还能将太阳能转化为电能,并且将光电产品与建筑构件合为一体,如光电屋面板、光电外墙板、光电遮阳板、光电窗间墙、光电天窗以及光电玻璃幕墙等,使耗能变成产能。

(四)节能材料开发

1.外墙保温及饰面系统(EIFS)

该系统是在20世纪70年代末的最后一次能源危机时期出现的,最先应用于商业建筑,随后开始在民用建筑中的应用。截至2010年,EIFS系统在商业建筑外墙使用中占17.0%,在民用建筑外墙使用中占3.5%,并且在民用建筑中的使用正以每年17.0%~18.0%的速度增长。此系统是多层复合的外墙保温系统,在民用建筑和商业建筑中都可以应用。EIFS系统包括以下几部分:主体部分是由聚苯乙烯泡沫塑料制成的保温板,厚度一般为30~120 mm,该部分以合成黏结剂或机械方式固定于建筑外墙;中间部分是持久的、防水的聚合物砂浆基层,此基层主要用于保温板上,以玻璃纤维网来增强并传达外力的作用;最外面部分是美观持久的表面覆盖层。为了防褪色、防裂,覆盖层材料一般采用丙烯酸共聚物涂料技术,有多种颜色和质地可以选用,具有很强的耐久性和耐腐蚀能力。

2.建筑保温绝热板系统(SIPS)

该系统可用于民用建筑和商业建筑,是高性能的墙体、楼板和屋面材料。板材的中间是聚苯乙烯泡沫或聚亚氨脂泡沫夹心层,厚度一般为120~240 mm,两面根据需要可采用不同的平板面层(如在房屋建筑中两面可以采用工程化的胶合板类木制产品)。用此材料建成的建筑具有强度高、保温效果好、造价低、施工简单、节约能源、保护环境的特点。SIPS一般为1.2 m宽,最大可以做到8 m长,尺寸成系列化,很多工厂还可以根据工程需要按照实际尺寸定制,成套供应,承建商只需在工地现场进行组装即可,真正实现了住宅生产的产业化。

3.隔热水泥模板外墙系统(ICFS)

这是一种绝缘模板系统,主要由循环利用的聚苯乙烯泡沫塑料和水泥类的胶凝材料制成模板,用于现场浇筑混凝土墙或基础。施工时在模板内部水平或垂直配筋,墙体建成后,该绝缘模板将作为永久墙体的一部分,形成在墙体外部和内部同时保温绝热的混凝土墙体。混凝土墙面外包的模板材料满足了建筑外墙所需的保温、隔声、防火等要求。

拓展与提高

建筑节能的现状和意义

建筑节能是关系到我国建设低碳经济、完成节能减排目标、保持经济可持续发展的重要环节之一。要想做好建筑节能工作、完成各项指标，需要认真规划、强力推进，踏踏实实地从细节抓起。

建筑节能工作复杂而艰巨，涉及政府、企业和普通市民，涉及许多行业和企业，涉及新建筑和老建筑，实施起来难度非常大。从这几年的实践效果看，仅靠出台一些简单的要求、措施和办法，完成建筑节能任务和指标很有难度，这就需要我们再思考，进行比较充分、细致、深层次的研究，找出其症结所在。

对于新建建筑要严格管理，必须达到建筑节能标准，这一点不能含糊；对于既有建筑的节能改造要力度大、办法多，多推广试点经验，采取先易后难、先公后私的原则。在房屋建造过程中，建筑节能要重点解决好外墙保温、门窗隔热等问题，很多建筑能耗损失都出现在这个方面。另外，能利用太阳能的建筑应最大限度地使用这一资源，并在设计过程中实现太阳能与建筑一体化，增加建筑的和谐度和美观度；全面推行中水利用和雨水收集系统，大力推进废旧建筑材料和建筑垃圾的回收利用，使资源能够得到充分利用。

建筑节能是一项系统工程，在全面推进的过程中，要制定出相关配套政策法规，该强制执行的要加大执行力度；要有相配套的标准，包括技术标准、产品标准和管理标准等，便于在实施过程中进行监督检查；对新技术、新工艺、新设备、新材料、新产品等，要在政策方面给予支持，加大市场推广力度。总而言之，做好建筑节能工作，只要相关部门、各级政府通力合作、密切配合，我国的节能目标就能达到。

中国是一个发展中大国，又是一个建筑大国，每年新建房屋面积超过 20 亿 m^2，超过所有发达国家每年建成建筑面积的总和。随着全面建设小康社会的逐步推进，建设事业迅猛发展，建筑能耗迅速增长。国民经济要实现可持续发展，推行建筑节能势在必行、迫在眉睫。中国建筑用能浪费极其严重，而且建筑能耗增长的速度远远超过中国能源生产可能增长的速度，如果听任这种高耗能建筑持续发展下去，国家的能源生产势必难以长期支撑此种浪费型需求，从而被迫组织大规模的旧房节能改造，这将要耗费更多的人力物力。在建筑中积极提高能源使用效率，就能够大大缓解国家能源紧缺状况，促进中国国民经济建设的发展。因此，建筑节能是贯彻可持续发展战略、实现国家节能规划目标、减排温室气体的重要措施，符合全球发展趋势。

思考与练习

（一）单项选择题（下列各题中，只有一个最符合题意，请将其编号填写在括号内）

1.全面的建筑节能，就是建筑（　　）过程中每一个环节节能的总和。

A.设计 　　　　　B.规划 　　　　　C.施工 　　　　　D.全寿命

2.合理的建筑规划和（　　）设计能有效地适应恶劣的微气候环境。

A.体型 　　　　　B.热工 　　　　　C.构造 　　　　　D.结构

3.对门窗的节能处理主要是改善材料的（　　）性能和提高门窗的密闭性能。

A.密实度 　　　　B.吸声 　　　　　C.保温隔热 　　　　D.抗冻

（二）多项选择题（下列各题中，至少有两个答案符合题意，请将其编号填写在括号内）

1.建筑节能从技术途径上来说，主要有（　　）。

A.尽量减少不可再生能源的消耗 　　　　B.提高能源的使用效率

C.提高建筑材料的利用率 　　　　　　　D.减少建筑围护结构的能量损失

E.降低建筑设施运行的能耗

2.建筑围护结构组成部件的设计对（　　）有根本的影响。

A.建筑能耗 　　　　　　　　　　　　　B.环境性能

C.室内空气质量 　　　　　　　　　　　D.用户所处的视觉

E.热舒适环境

3.建筑物围护结构的能量损失主要来自（　　）。

A.外墙 　　　　　B.地面 　　　　　C.基础 　　　　　D.门窗

E.屋顶

（三）判断题（请在你认为正确的题后括号内打"√"，错误的题后括号内打"×"）

1.全面的建筑节能是一项系统工程，必须由国家立法、政府主导。　　　　　　（　　　）

2.建筑设计中，既要使建筑在其整个生命周期中保持适宜的微气候环境，为建筑节能创造条件，同时又要不断地破坏整体生态环境的平衡。　　　　　　（　　　）

3.在寒冷的地区屋顶设保温层，以阻止室外热量进入室内。　　　　　　　　（　　　）

任务三　　了解建筑环保防护技术

任务描述与分析

　　目前，我国的建筑工程行业不断发展壮大，要想保持长效的健康发展，就必须实施可持续发展的战略思想。面临资源和环保这一矛盾高度突出的局面，建筑工程的环境保护、资源耗费、建筑垃圾的产生以及回收再利用等问题已经成了建筑工程中的基础管理项目。因此，要想实现建筑工程的长效发展就要清楚认识到环境保护的重要性,以及改良这些问题的现实意义。只有改善管理机制,制订并实施相应措施,才能确保建筑工程长远发展。本任务的具体要求是在进行建筑设计的同时进行环境设计,在建筑工程中采用环保型建筑材料和装饰材料,并学会在建筑施工中采用相关环保技术。

 知识与技能

(一)建筑设计同时进行环境设计

建筑环境保护设计必须按国家规定的设计程序进行,执行环境影响报告书(表)的编审制度,执行防治污染及其他公害的设施与主体工程同时设计、同时施工、同时投产的"三同时"制度。从项目建议书、可行性研究报告、初步设计方案到施工图设计都应进行环境保护设计。

项目建议书中应根据建设项目的性质、规模、建设地区的环境现状等有关资料,对建设项目建成投产后可能造成的环境影响进行简要说明,其主要内容如下:所在地区的环境现状、可能造成的环境影响分析、当地环保部门的意见和要求、存在的问题。

可行性研究(设计任务书)阶段:需编制环境影响报告书或填报环境影响报告表的建设项目,必须按该管理办法的要求编制环境影响报告书或填报环境影响报告表。在可行性研究报告书中,应有环境保护的专门论述,其主要内容如下:建设地区的环境现状、主要污染源和主要污染物、资源开发可能引起的生态变化、设计采用的环境保护标准、控制污染和生态变化的初步方案、环境保护投资估算、环境影响评价的结论或环境影响分析、存在的问题及建议。

初步设计阶段:建设项目的初步设计必须有环境保护篇(章),具体落实环境影响报告书(表)及其审批意见所确定的各项环境保护措施。环境保护篇(章)应包含下列主要内容:环境保护设计依据,主要污染源和主要污染物的种类、名称、数量、浓度或强度及排放方式,规划采用的环境保护标准,环境保护工程设施及其简要处理工艺流程、预期效果,对建设项目引起的生态变化所采取的防范措施,绿化设计,环境管理机构及定员,环境监测机构,环境保护投资概算,存在的问题及建议。

施工图设计阶段:建设项目环境保护设施的施工图设计,必须按已批准的初步设计文件及其环境保护篇(章)所确定的各种措施和要求进行。

设计单位必须严格按国家有关环境保护规定做好以下工作:承担或参与建设项目的环境影响评价;接受设计任务书后,必须按环境影响报告书(表)及其审批意见所确定的各种措施开展初步设计,认真编制环境保护篇(章);严格执行"三同时"制度,做到防治污染及其他公害的设施与主体工程同时设计;未经批准环境影响报告书(表)的建设项目,不得进行设计。

(二)采用环保型建筑材料和装饰材料

1.新型环保型墙体材料

新型墙体材料以非黏土为主要原材料生产的,具有节约土地和能源、保护生态环境、改善建筑功能和促进资源综合利用等特征,符合国家产业政策的建筑墙体材料。这些新型墙体材料以粉煤灰、煤矸石、石粉、炉渣、竹炭等主要原料。使用新型墙体材料,可以有效减少环境污染,节省大量的生产成本,增加房屋使用面积,减轻建筑自身质量,有利于抗震等一系列优点,其中相当大一部分品种属于绿色建材。目前在社会上出现的新型墙体材料有活性炭墙体、加气混凝土砌块、陶粒砌块、小型混凝土空心砌块、纤维石膏板、新型隔墙板等。

2.新型环保型装饰材料

装饰材料是指装修各类土木建筑物以提高其使用功能和美观,保护主体结构在各种环境因素下的稳定性和耐久性的建筑材料及其制品,又称装修材料、饰面材料。环保型装饰材料绿色健康,产品多选用无毒无害低排放的原料,对人体无害,给人们一个舒适安全的家居环境,对环境无特别的影响,符合保护环境的社会发展战略。

环保型装饰材料所用的原料尽可能少用天然资源,采用低能耗的制造工艺和不污染环境的生产技术,大量使用废物渣、废液、垃圾等废弃物。节约全球有限的资源和能源为可持续发展作出贡献。

环保型装饰材料本着改善生活环境、提高生活质量的宗旨,即产品不仅不危害人体健康,而且还应具有多功能化,如抗菌、灭菌、防雾、除臭、防火、调温、调湿、消声等功能,提高人们居住的环境质量。

环保型装饰材料最吸引人的一个特点就是其在产品配制或生产过程中不使用甲醛、卤化物溶剂或芳香族碳氢化合物;产品中不含有汞及其化合物,不含有铅、镉、铬及其化合物的颜料和添加剂。从而使人们可以放心使用而不必担心装饰材料对身体健康带来的消极影响。

环保型装饰材料的粗略分类:

(1)低毒低排放型装饰材料。此种装饰材料是指经过加工、合成等技术手段来控制有毒有害物质的积聚和缓慢释放,因其毒性轻微对人体健康不构成危害,所以广受欢迎。例如无甲醛人造板。目前国内生产的大多数人造板所使用的木材胶黏剂基本上是脲醛树脂。脲醛树脂是由甲醛+尿素聚合而成的,给家庭装修带来了极大的污染。装修竣工后几个月内无法入住。实际上,甲醛缓慢释放持续时间达 $3 \sim 15$ 年,严重威胁着人体的健康。无甲醛环保人造板则以天然植物为原料,采用人造板专用黏合剂"聚氨酯生态黏合剂"。

(2)抗菌、除臭建筑装饰材料。这类材料实现杀菌或抑制微生物生长和繁殖,进而达到长期卫生、安全的目的。用抗菌材料制成的产品,具有卫生、自洁功能,其抗菌性可与制品寿命同步。目前,抗菌材料及制品已在发达国家大量使用,而我国则刚刚起步,如抗菌玻璃、抗菌釉面砖、抗菌卫生陶瓷等抗菌制品正在我国形成一个新的消费热潮。

(3)绿色装饰材料。当前,绿色化产品的开发已如火如荼地展开。例如,某装饰材料公司开发的绿色纸基壁纸和布基壁纸则具有美观、装饰效果好、透气性、易施工、黏结力强、不开裂等特点,遇火燃烧时,产生的是二氧化碳和水蒸气,对人体无害。目前,这种绿色壁纸已在北京饭店、王府饭店、上海花园饭店、广州东方宾馆等数十家高档酒店使用。另外,绿色木质人造板材和绿色非木质人造板的发展也很迅速。如以麦秸为原料制成的人造板及饰面板,具有质轻、坚固耐用、防蛀、防水等性能,无游离甲醛污染等特点,可广泛应用于吊顶、墙面、地面等场所的装饰。

（三）施工现场环保技术

在大兴土木建设的施工过程中,不可避免地会产生建筑垃圾、污水以及噪声等环境污染,而现场环保工作的效果不仅仅影响到施工现场内部,而且影响到市区的环保,因此施工现场的环保工作是整个城市环保工作的一部分,施工现场必须满足城市环保工作的要求。其环保工作的主要内容涉及防止大气污染、水污染、噪声污染和保持现场住宿及生活设施的环境卫生等。一般而言,在建筑施工中,人们仅重视工程的进度、质量、投资,而对施工现场的管理重视不够,导致施工现场"脏、乱、差",如工地不设围挡、垃圾乱堆乱倒、污水横流等。按照167号国际劳动公约《施工安全与卫生公约》的要求,施工现场应该做到安全生产、文明施工,现场布置整齐有序。文明施工体现了"以人为本"的原则。建筑工人在为社会提供物质财富、为人类创造工作和生活优美环境的同时,必须重视其自身的安全以及生产的条件和环境,重视施工现场对城市、社会的影响。因此,在现代化建设中应把环保施工列为重要内容之一。

1.施工环境保护措施

（1）增强环保意识。施工人员应有较强的环保意识,认真学习国家对环保方面的法律法规,提高环保素质。

（2）开展文明施工,创建文明工地。文明施工的重点内容包括现场围挡、封闭管理、施工场地卫生、材料堆放、现场住宿、现场防火、治安综合治理、施工标牌、生活设施管理等。

（3）加强现场管理。各类污染源的形成与施工现场的管理有着直接关系,如质量管理跟不上,会造成返工,从而产生大量返工废弃物。材料管理混乱会造成砂石乱堆乱放,水泥、白灰、粉尘飞扬。劳力管理不善则更会造成现场混乱,废弃物、排泄物无法控制等。因此,要高度重视施工现场管理,下大气力来抓,环保靠管理,管理出效率。

2.防止"三废"污染措施

（1）防止大气污染施工现场,垃圾要及时清运,适量洒水。高层或多层施工垃圾,必须搭设封闭临时专用垃圾道或采用容器吊运,严禁随意凌空抛洒。

（2）水泥等粉细散装材料,应尽量采取库内存放,如露天存放应采用严密遮盖,卸运时要采取有效措施。

（3）施工现场应结合设计中的永久道路布置施工道路,道路基层做法按设计要求执行,面层可采用礁渣、细石沥青或混凝土以减少道路扬尘,同时要随时修复因施工而损坏的路面,防止浮土产生。

（4）运输车辆不得超量运载,运输工程土方、建筑渣土或其他散装材料不得超过槽帮上沿,运输车辆应加装防抛洒盖板,驶出现场前,应将车辆槽帮和车轮冲洗干净,防止带泥土的运输车辆驶出现场和遗撒渣土在路途中。

（5）施工现场的搅拌设备,必须搭设封闭式围挡及安装喷雾除尘装置。

（6）施工现场要制订洒水降尘制度,配备洒水设备设专人负责现场洒水降尘和及时清理浮土。

（7）拆除旧建筑物时,应配合洒水。

3．防止水污染

（1）凡需进行混凝土、砂浆等搅拌作业的现场，必须设置沉淀池，排放的废水要在沉淀池内经两次沉淀后，方可排入市政污水管线，或回收用于洒水降尘；未经处理的泥浆水，严禁直接排入城市排水设施和河流。

（2）凡进行现制水磨石作业产生的污水，必须控制污水流向，防止蔓延，并在合理的位置设置沉淀池，经沉淀后方可排入污水管线。施工污水严禁流出工地。

（3）对施工现场临时食堂的污水要设置简易有效的隔油池，产生的污水经下水管道排放要经过隔油池，加强管理，定期掏油。

（4）施工现场要设置专用的油漆和油料库，油库地面和墙面要作防渗漏的特殊处理，使用和保管要专人负责，防止油料的跑、冒、滴、漏，污染水体。

（5）禁止将有毒有害废弃物用作土方回填，以防污染地下水和环境。

4．防止噪声污染

（1）施工现场应遵照《建筑施工场界环境噪声排放标准》制订降噪的相应制度和措施。

（2）凡在居民稠密区进行噪声作业，必须严格控制作业时间，建立施工不扰民措施，若遇到特殊情况需连续作业，应按规定办理夜间施工证。

（3）产生强噪声的成品、半成品加工和制作作业应放在工厂、车间完成，减少因施工现场制作产生的噪声。

（4）施工现场强噪声机械，如搅拌机、电锯、电刨、砂轮机等要设置封闭的机械棚，以减少强噪声的扩散。

（5）加强施工现场的管理，特别要杜绝人为敲打、尖叫、野蛮装卸噪声等现象，最大限度地减少噪声扰民。

5．科技环保措施

（1）推行建筑业新技术：建筑业新技术不仅对提高企业的科技水平、经济效益有着巨大的作用，而且对环保文明施工也是必不可少的技术措施。

（2）商品混凝土及集中搅拌站应用技术：输送泵输送至工作面，可以大幅度减少现场堆放砂石、水泥用地及拌制机械，消除粉尘与噪声污染，减少施工用水。

（3）钢筋工程新技术：双钢筋、冷轧扭钢筋、冷轧带肋钢筋、粗直径钢筋连接技术，其中的机械连接从根本上消除了焊接造成的光污染。

（4）新型模板与脚手架应用技术：大幅度减少了现场模板与脚手架材料使用量，缩短了施工周期，减轻了现场堆放造成的混乱局面。

（5）高强混凝土、高性能混凝土、预应力混凝土技术：可减少建筑物混凝土浇筑量，有利于减少现场钢筋用量。

（6）建筑节能技术：使用新型节能墙体，改湿作业为干作业，减少了用水量，自然减轻了现场水污染。

（7）建筑防水工程新技术：采用石油沥青油毡以外的新型防水材料和新的施工方法铺设防水层，改热作业为冷作业。

(8)现代化管理技术：应用现代管理方法和手段，提高建筑施工企业管理水平及工程质量，加快施工进度，产生施工环保效益。

6.推行建筑业新工艺、新机具

建筑施工与其他行业相比，仍然属于技术、工艺、机具相对落后的行业，应针对施工污染选用一些新技术、新机具、新设备，设计中采用绿色环保建材，施工中推行无污染的环保新机具、新工艺。

(1)严格限制或禁止使用高噪声的气锤打桩方式，推行混凝土灌注桩和静压桩等低噪声新工艺。

(2)采用干挂花岗石、大理石，克服使用水泥黏结。

(3)采用流水作业增加有效作业班次是避免夜间施工的有效方式，合理安排施工顺序，作好安装与土建配合施工，消除剔凿造成的噪声与废弃物污染，作好成品保护，及时回收处理废物。

(4)建水冲式厕所可有利于防止粪便污染。

(5)改进革新噪声高的建筑施工机械。

(6)推行工厂集中加工现场组装施工方法，尽量减少现场用地及组装人员，可有效地减少各种污染。

7.其他施工环保措施

(1)加强回收处置与重复利用对建筑垃圾进行分类处理，砂、石类可作混凝土的骨料，碎砖头作三合土或回填料，落地灰、碎屑等经粉碎后作砂浆骨料，塑料桶、箱、盒、编织袋等可处理给废品收购站。

(2)产生的碎石用作混凝土骨料，可修筑道路、广场、飞机跑道以及用作铁路道砟等。

(3)生产水泥。大部分冶金炉渣，如高炉渣、钢渣、某些铁合金渣、电石渣等，均属于碱性渣，氧化钙含量为30%～50%，经水淬处理后，可生产各种水泥。

(4)生产硅酸盐建筑制品。利用废渣生产煤渣砖、矿渣砖、煤矸石砖、粉煤灰砖、水泥灰渣瓦、粉煤灰砌块等，为砖、瓦、砌块生产提供了丰富的原料，节省了农耕土地，有利于支援农业。

(5)在混凝土搅拌机及冲刷集中的地方建贮水池、集水井及时回收废弃水，经沉淀处理后再用于工程或冲刷。

(6)人员较多的大型施工场地，可在厕所附近建沼气池，处理垃圾、粪便，用产生的沼气烧水、做饭、照明，既减少了污染，又节省了施工成本。

(7)将废机油回收用于模板工程作隔离剂或防腐剂。

(8)金属类、木材类、纤维类等废弃物尽量重复利用。

(9)塑料废渣的回收利用：废渣加热加压成型，可得再生塑料；废塑渣经粉碎、微波溶解、加热分解，然后冷却，提取石油燃料。

拓展与提高

绿色建筑与智能建筑

1.绿色建筑

绿色建筑是指在设计与建造过程中,充分考虑建筑物与周围环境的协调,利用光能、风能等自然界中的能源,最大限度地减少能源的消耗以及对环境的污染,为人们提供健康、适用和高效的使用空间,与自然和谐共生的建筑。绿色建筑将可持续发展理念引入建筑领域,其室内布局十分合理,尽量减少使用合成材料,充分利用阳光,节省能源,为居住者创造一种接近自然的感觉。以人、建筑和自然环境的协调发展为目标,在利用天然条件和人工手段创造良好、健康的居住环境的同时,尽可能地控制和减少对自然环境的使用和破坏,充分体现向大自然的索取和回报之间的平衡。

1)绿色建筑的设计理念

绿色建筑设计理念可包括以下几个方面:

一是节约能源。充分利用太阳能,采用节能的建筑围护结构、减少采暖和空调的使用。根据自然通风的原理设置风冷系统,使建筑能够有效地利用夏季的主导风向。建筑采用适应当地气候条件的平面形式及总体布局。

二是节约资源。在建筑设计、建造和建筑材料的选择中,均考虑资源的合理使用和处置。要减少资源的使用,力求使资源可再生利用。节约水资源,包括绿化地节约用水。

三是回归自然。绿色建筑外部要强调与周边环境相融合,和谐一致、动静互补,做到保护自然生态环境。

四是舒适和健康的生活环境。建筑内部不使用对人体有害的建筑材料和装修材料。室内空气清新,温、湿度适当,使居住者感觉良好,身心健康。

2)绿色建筑的建造特点

绿色建筑的建造特点包括:

一是对建筑的地理条件有明确的要求。土壤中不存在有毒、有害物质,地温适宜,地下水纯净,地磁适中。

二是绿色建筑应尽量采用天然材料。建筑中采用的木材、树皮、竹材、石块、石灰、油漆等,要经过检验处理,确保对人体无害。

三是绿色建筑应充分利用可再生能源。要根据地理条件,设置太阳能采暖、热水发电及风力发电装置,以充分利用环境提供的天然可再生能源。

随着全球气候的变暖,世界各国对建筑节能的关注程度正日益增加。人们越来越认识到,建筑使用能源所产生的CO_2是造成气候变暖的主要来源。节能建筑成为建筑发展的必然趋势,绿色建筑也应运而生。

2.智能建筑

智能建筑(Intelligent Building, IB)的概念起源于 20 世纪 80 年代初的美国。它的定义是以建筑为平台,兼备建筑设备、办公自动化及通信网络系统,集结构、系统、服务、管理及其最优化组合,向人们提供一个安全、高效、舒适、便利的建筑环境。

智能建筑是智能建筑技术和新兴信息技术相结合的产物,智能楼宇利用系统集成的方法,将智能型计算机技术、通信技术、信息技术与建筑艺术有机结合,通过对设备的自动监控、对信息资源的管理和对使用者的信息服务及其功能与建筑的优化组合,所获得的投资合理,适合信息社会需要,并且具有安全、高效、舒适、便利和灵活特点的建筑物。它已经成为建筑行业和信息技术共同关心的新领域。智能建筑不是特殊的建筑,它主要由 4A 组成即 BA——大楼自动化系统(Building Automation System)、OA——办公自动化系统(Office Automation System)、CA——通信自动化系统(Communication Automation System)、SA——安全自动化系统(Security Automation System)。智能楼宇自动化的各个子系统之间是相互协调的,具有互操作性,因此,还需要有一个能实现集中管理与协调的系统,以便各个子系统能有机地集成在一起,共同构成建筑物的自动控制网络。

1)智能建筑的特点

(1)环境方面。一是舒适性。目的是使人们在智能建筑中生活和工作,无论心理上,还是生理上均感到舒适。为此,空调、照明、消声、绿化、自然光及其他环境条件应达到较佳效果和最佳条件。二是高效性。提高办公业务、通信、决策方面的工作效率;提高节省人力、时间、空间、资源、能量、费用以及建筑物所属设备系统使用管理方面的效率。三是适应性。对办公组织机构的变更、办公设备、办公机器、网络功能变化和更新换代时的适应过程中,不妨碍原有系统的使用。四是安全性。除了保护生命、财产、建筑物安全外,还要防止信息网信息的泄露和被干扰,特别是防止信息、数据被破坏,防止被删除和篡改以及系统非法或不正确使用。五是方便性。除了办公机器使用方便外,还应具有高效的信息服务功能。六是可靠性。努力尽早发现系统的故障,尽快排除故障,力求故障的影响和波及面减至最低程度和最小范围。

(2)功能方面:一是具有高度的信息处理功能。二是信息通信不仅局限于建筑物内,而且与外部的信息通信系统有构成网络的可能。三是所有的信息通信处理功能应随技术进步和社会需要而发展,为未来的设备和配线预留空间,具有充分的适应性和可扩性。四是要将电力、空调、防灾、防盗、运输设备等构成综合系统,同时要实现统一的控制,包括将来新添的控制项目和目前还被禁止统一控制的项目。五是实现以建筑物最佳控制为中心的过程自动控制,同时还要管理系统实现设备管理自动化。

2)智能建筑八大系统

智能建筑"八大系统"包括智能建筑的综合布线系统、楼宇自控系统、智能建筑的智能家居系统、智能建筑的智能照明控制系统、智能建筑门禁系统、智能建筑的楼宇对讲系统、智能建筑的智能监控系统、智能建筑的智能防盗报警系统。

思考与练习

(一)单项选择题(下列各题中,只有一个最符合题意,请将其编号填写在括号内)

1.在可行性研究报告书中,应有环境保护的(   )论述。

A.专门　　　　　B.附带　　　　　C.穿插　　　　　D.简要

2.环保型装饰材料应本着改善生活环境、提高生活质量为(   )。

A.前提　　　　　B.宗旨　　　　　C.基础　　　　　D.责任

3.文明施工体现了(   )的原则。

A.经济效益　　　B.社会效益　　　C.以人为本　　　D.利益最大化

(二)多项选择题(下列各题中,至少有两个答案符合题意,请将其编号填写在括号内)

1.初步设计阶段的环境保护篇(章)应包含有(   )等内容。

A.环境保护设计依据

B.主要污染源和主要污染物的种类、名称、数量、浓度或强度及排放方式

C.规划采用的环境保护标准

D.环境保护工程设施及其简要处理工艺流程、预期效果

E.对建设项目引起的生态变化所采取的防范措施

2.新型墙体材料以非黏土为主要原材料生产的,具有(   )等特征。

A.节约土地和能源　　　　　　　B.保护生态环境

C.抗压强度高　　　　　　　　　D.改善建筑功能

E.促进资源综合利用

3.下列(   )等是文明施工的重点内容。

A.现场围挡　　　　　　　　　　B.材料堆放

C.人员管理　　　　　　　　　　D.现场住宿

E.生活设施管理

(三)判断题(请在你认为正确的题后括号内打"√",错误的题后括号内打"×")

1.环境影响评价的结论或环境影响分析是初步设计阶段的主要环保设计内容。　(   )

2.环保型装饰材料所用的原料尽可能采用天然资源。　(   )

3.推行工厂集中加工、现场组装施工方法,尽量减少现场用地及人员,可有效地减少各种污染。　(   )

考核与鉴定

(一)单项选择题(下列各题中,只有一个最符合题意,请将其编号填写在括号内)

1.世界能源危机是(   )造成的能源短缺。

A.社会进步　　　B.科技发展　　　C.人为　　　　　D.自然环境变化

2.(　　)是大气环境质量综合因素的客观反映。

A.温室效应　　　　B.酸雨　　　　　　C.臭氧　　　　　　D.台风

3.(　　)是能有效地阻止来自太阳的大部分有害紫外光通过。

A.植被　　　　　　B.空气　　　　　　C.臭氧层　　　　　D.海洋

4.建筑节能是一个系统工程,涉及(　　)等专业技术。

A.建筑、结构

B.建筑、结构、建筑设备

C.建筑、结构、建筑设备、建筑电气

D.建筑、结构、建筑设备、建筑电气与智能化

5.门窗具有采光、通风和围护的作用,还在(　　)上起着很重要的作用。

A.建筑艺术处理　　B.保温　　　　　　C.隔声　　　　　　D.防冻

6.新能源有效地开发利用必定要以(　　)为依托。

A.高科技　　　　　B.自然　　　　　　C.人的活动　　　　D.机械设备

7.在(　　)中,应有环境保护的专门论述。

A.可行性研究报告书　　　　　　　　B.项目建议书

C.初步设计文件　　　　　　　　　　D.施工图设计文件

8.在施工图设计阶段,建设项目环境保护设施的施工图设计必须按(　　)及其环境保护篇(章)所确定的各种措施和要求进行。

A.已批准的初步设计文件　　　　　　B.项目建议书

C.规划设计文件　　　　　　　　　　D.环境保护法

9.在科技环保措施中钢筋工程新技术里的机械连接从根本上消除了焊接造成的(　　)污染。

A.噪声　　　　　　B.水　　　　　　　C.光　　　　　　　D.大气

(二)多项选择题(下列各题中,至少有两个答案符合题意,请将其编号填写在括号内)

1.我国能源发展主要存在(　　)等问题。

A.人均能源拥有量、储备量低　　　　B.能源结构不合理

C.能源资源分布不均　　　　　　　　D.经济发展不平衡

E.能源利用效率低

2.温室效应引发全球变暖所带来的影响和危害主要有(　　)。

A.海平面上升

B.全球降雨不均衡,洪涝、干旱时有发生

C.快速的气候变化造成大量物种的灭绝,对生物产生多样化影响

D.全球变暖造成生态系统和环境的变化,引起传染病的流行,危害人类健康

E.影响大气环流,出现异常天气情况,造成农作物歉收

3.城市噪声的干扰主要来自(　　)。

A.交通噪声　　　　　　　　　　　　B.工业噪声

C.社会生活噪声　　　　　　　　　　D.施工噪声

E.自然事故噪声

4.在建筑节能中,合理的外部环境设计方法有(　　)。

A.在建筑周围布置树木　　　　　　　B.在建筑周围布置植被

C.在建筑周围布置水面　　　　　　　　D.在建筑周围布置假山

E.在建筑周围布置围墙

5.建筑节能在建筑物的(　　　)阶段都应考虑。

A.规划　　　　　　B.设计　　　　　　C.新建　　　　　　D.改造

E.使用

6.下列属于新能源的是(　　　)。

A.天然气　　　　　　　　　　　　　B.太阳能

C.潮汐能　　　　　　　　　　　　　D.地热能

E.风能

7.建设项目的选址或选线,必须全面考虑建设地区的自然环境和社会环境,对选址或选线地区的(　　　)、气象、名胜古迹、城乡规划、工农业布局、自然保护区现状及其发展规划等因素进行调查研究。

A.地理　　　　　　B.地质　　　　　　C.地形　　　　　　D.水文

E.土地利用

8.新型墙体材料以(　　　)、石粉等为主要原料。

A.黏土　　　　　　B.炉渣　　　　　　C.煤矸石　　　　　　D.粉煤灰

E.竹炭

9.施工现场的(　　　)等强噪声机械要设置封闭的机械棚,以减少强噪声的扩散。

A.搅拌机　　　　　　B.电锯　　　　　　C.电刨　　　　　　D.砂轮机

E.电焊机

(三)判断题(请在你认为正确的题后括号内打"√",错误的题后括号内打"×")

1.太阳能用之不竭且造价低廉,是一种很好的再生能源。　　　　　　　　　　(　　)

2.全面的建筑节能有利于从根本上促进能源节约和合理利用,缓解我国能源供应与经济社会发展的矛盾。　　　　　　　　　　　　　　　　　　　　　　　　　(　　)

3.光环境对建筑环境的影响可以忽略不计。　　　　　　　　　　　　　　(　　)

4.在保证建筑物使用功能和室内热环境质量的前提下,降低建筑能源消耗,合理、有效地利用能源。　　　　　　　　　　　　　　　　　　　　　　　　　　(　　)

5.减少能源总需求量,主要是减少建筑的冷、热及照明的能耗。　　　　　　(　　)

6.日照及朝向选择的原则是冬季能获得足够的日照并避开主导风向,夏季能利用自然通风并尽量减少太阳辐射。　　　　　　　　　　　　　　　　　　　　　　(　　)

7.施工人员应有较强的环保意识,认真学习国家对环保方面的法律法规,提高环保素质。

(　　)

8.使用新型墙体材料,可以有效减少环境污染,节省大量的生产成本,增加房屋使用面积,减轻建筑自身质量。　　　　　　　　　　　　　　　　　　　　　　(　　)

9.设计单位必须严格执行"三同时"制度,做到防治污染及其他公害的设施与主体工程同时设计;环境影响报告书(表)未被批准的建设项目,不得进行设计。　　　　(　　)

参考文献

［1］李英姬,齐良锋.建筑工程施工安全技术［M］.北京:中国建筑工业出版社,2012.

［2］姜晨光.建设工程施工安全技术［M］.北京:中国电力出版社,2015.

［3］张晓艳,刘善安.安全员岗位实务［M］.2 版.北京:中国建筑工业出版社,2012.

［4］李平,张鲁风.安全员岗位知识与专业技能［M］.北京:中国建筑工业出版社,2013.

［5］胡兴福,赵研.安全员通用与基础知识［M］.北京:中国建筑工业出版社,2014.

［6］王健.建筑环境与设备工程［M］.成都:四川大学出版社,2013.

［7］林宪德.绿色建筑［M］.2 版.北京:中国建筑工业出版社,2011.

［8］孙力强.建筑节能与环保［M］.北京:高等教育出版社,2009.

［9］上海星宇建设集团有限公司,郑州大学.JGJ 311—2013　建筑深基坑工程施工安全技术规范［S］.北京:中国建筑工业出版社,2013.

［10］江苏省华建建设股份有限公司.JGJ 33—2012　建筑机械使用安全技术规程［S］.北京:中国建筑工业出版社,2012.

［11］中国建筑科学研究院.JGJ 130—2011　建筑施工扣件式钢管脚手架安全技术规程［S］.北京:中国建筑工业出版社,2011.

［12］上海市建工设计研究院有限公司,南通市达欣工程股份有限公司.JGJ 80—2016　建筑施工高处作业安全技术规范［S］.北京:中国建筑工业出版社,2016.

［13］中华人民共和国住房和城乡建设部.JGJ 202—2010　建筑施工工具式脚手架安全技术规范［S］.北京:中国建筑工业出版社,2010.

［14］中华人民共和国住房和城乡建设部.JGJ 196—2010　建筑施工塔式起重机安装、使用、拆卸安全技术规程［S］.北京:中国建筑工业出版社,2010.

［15］天津市建工集团(控股)有限公司.JGJ 88—2010　龙门架及井架物料提升机安全技术规范［S］.北京:中国建筑工业出版社,2010.

［16］中华人民共和国主席令第 48 号.中华人民共和国职业病防治法(2016 年修正).

［17］中华人民共和国国务院令第 586 号.工伤保险条例(2010 年版).